ゲーム情報学概論
—ゲームを切り拓く人工知能—

工学博士　伊藤　毅志　編著
博士(理学)　保木　邦仁
　　　　　三宅陽一郎　共著

コロナ社

まえがき

　ゲームを題材にした研究は，海外では古くから行われてきた。ゲームは，ルールが明確であるためコンピュータに載せやすく，技術の進歩が「勝敗」に直結することから，人工知能の研究対象としてよい題材である。また，問題解決，推論，記憶，学習など人間の思考研究に関するさまざまなトピックを含んでおり，認知科学の研究対象としても優れている。特に欧米では，"チェス"は知の象徴と考えられており，知の研究の中心的役割を果たしてきた。

　しかし，日本では「ゲーム≒遊び」と捉えられる傾向にあり，ゲームの研究の歴史は浅い。わが国で，「ゲーム情報学」という研究グループが情報処理学会の中で産声を上げたのは，1999 年である。その前身となるゲームプログラミングワークショップというシンポジウムは，少し前の 1994 年から開催されているが，学術的な研究はたかだか二十数年程度の歴史しかない。日本には，将棋，囲碁，麻雀，双六など，多くの優れた伝統的なゲームがあり，近年，これらを対象とした研究が海外の研究を追う形で，長足の進捗を遂げている。

　チェスや囲碁，将棋など多くのプレーヤのいるゲームにおいて，探索や機械学習などの研究成果が数多く出され，それぞれのゲームに特化した技術を解説する書籍も散見されるが，これらを統合した教科書はわが国では見当たらない。ゲーム情報学は，人工知能における問題解決，探索，認識，予測，機械学習などさまざまな研究テーマを含んでいるばかりか，人間の思考に関する認知科学的側面も含んでいる。さらに，新しい技術を利用したデジタルゲームも登場しており，研究テーマは広がりを見せている。

　「ゲーム」と一言でいっても，チェス，囲碁，将棋のような古典的なゲームもあれば，最先端の VR 技術やロボット技術を駆使した新しいゲームもある。また，人狼のような多人数コミュニケーションゲームや囚人のジレンマのよう

な社会ゲームも存在する。これらゲームの根底にある共通点を明らかにして，個々のゲームの違いを顕在化することによって，おのおののゲームの特質が見えてくるし，またそれぞれのゲーム研究で培ってきた技術の意味も見えてくる。本書では，ゲームのもつ意味を定義から見つめ直し，各ゲームの位置づけを行い，明確な研究成果が出てきたゲーム分野の技術を紐解いていくことで，ゲーム情報学という研究分野を体系的に捉えてみたい。

　第Ⅰ部では，ゲーム情報学の定義から歴史や基礎的な考え方について，この分野を牽引してきたボードゲームの研究を中心にサーベイする。第Ⅱ部では，さらに具体的なゲームを例に挙げて，基礎となる理論について詳説する。第Ⅲ部では，デジタルゲームを例に挙げて，具体的なゲームの設計やゲーム AI の応用例について概観する。これら三部は別々の執筆者によって，たがいに独立した内容になっているが，たがいに連関した事象について述べているところもある。各部を独立に読んでも，全体を通して読んでも意味がわかるように構成したつもりである。

　ゲーム情報学という分野は，個々のゲームに特化した技術や理論も多く，本書だけで網羅し尽くせない内容も多い。そのような内容については，読書案内や参考文献などを示したので参照されたい。また，この分野は，日々発展しており，新しい技術がつぎつぎと発表されている。例えば，本書を執筆した2016 年から 2017 年にも，コンピュータ囲碁の分野において，革新的なディープラーニングや強化学習の手法が登場し，急激な発展を遂げた。同様のことがこれからもつづくことが考えられる。しかし，本書ではこれまでのこの分野の研究の道のりをまとめ，その根底にある基本的な事柄から順に積み上げたつもりである。本書が，現時点のこの分野における一つの指針となる初学者向けの教科書となったのではないかと考えている。

　2018 年 3 月

伊藤　　毅志

目　　　　次

3. ゲーム AI と認知研究

第Ⅱ部　ゲーム情報学のアルゴリズム

プロローグ

4.　最短経路の探索とコスト関数：15パズル

5.　ゲーム理論の基礎知識：囚人のジレンマ，ジャンケン，三目並べ

6.　ミニマックスゲーム木とその探索：三目並べ，オセロ，チェス，将棋

第Ⅲ部　デジタルゲームへの応用

プロローグ

8.　ゲーム AI：アクションゲームとボードゲームの比較

9.　キャラクター AI

10.　ゲーム AI の知識表現と意思決定アルゴリズム

11.　ナビゲーション AI

12.　学習・進化アルゴリズムの応用

第Ⅰ部　ゲーム情報学概論

〈プロローグ〉

　この第Ⅰ部では，ゲームの定義を試みるところから始める。さらに，ゲーム情報学という分野が，認知科学や人工知能における重要な地位を占めてきたことを，歴史的視点も含めて概観する。ゲームを科学的に捉える視線を養ってほしい。この後の第Ⅱ部のアルゴリズム編，第Ⅲ部の応用編につながる基本的な用語についてもふれている。

　1章では，ゲームの科学的な視点に基づく定義と分類について述べ，2章では，問題解決という視点からゲームを概観し，ゲーム情報学の歴史を紐解く。3章では，ゲーム AI の基本的なアプローチと認知科学的研究について紹介する。文系，理系を問わず，大学1，2年生程度の知識があれば理解できる内容にした。ゲームの人工知能研究，認知科学研究の基礎的な知識をなるべく広く浅く網羅するようにした。

1章　ゲームとはなにか

　ゲーム情報学を議論する前に，ゲームとはなにかを定義する必要があるだろう。一言で「ゲーム」といっても多岐にわたる。トランプやボードゲーム，囲碁，将棋，麻雀のようなゲームから，ゲームセンターや家庭用ゲーム機のようなデジタルゲームもある。さまざまな球技や競技スポーツもゲームと呼ばれる。また人間関係や国家間の関係のようなものも，ゲームの理論としてゲームとして扱われることがある。なにがゲームで，なにがゲームでな

いのか，ゲーム情報学としてゲームをどう捉えるのか，ここでは定義を試み
てみたい。

1.1　ゲームを定義する

1.1.1　ゲームの定義を試みた人たち

さまざまな遊びやゲームは，いろいろな立場からそれぞれの見方で定義が試
みられてきた。

20世紀初頭のオーストラリアで生まれイギリスで活躍した哲学者**ヴィトゲン
シュタイン**（L.J.J. Wittgenstein）は，言語哲学の立場からゲームの定義を試
みている。「すべてのゲームに共通する概念というものはないが，ゲームは他
のゲームと似た要素をたがいにもっている」とした。これは，言語と同様に
ゲームには多様性があることを意味しており，たがいに関連する要素がゲーム
の本質だと考えれば，新しいゲームはどんどん拡張できることを意味してい
る。

フランス人社会学者**カイヨワ**（R. Caillois）はその著作『遊びと人間』の中
で，以下の六つの要素でゲームの定義を試みている。

1. 自由な活動であること…遊技者が強制されていないこと
2. 隔離された活動であること…あらかじめ決められた時間や空間の範囲内
   に制限されること
3. 未確定の活動であること…ゲームの展開があらかじめ決定されていない
   こと
4. 非生産的な活動であること…財産や富を生み出すような行為ではないこ
   と
5. ルールをもった活動であること…遊技者は約束事に従って行動すること
6. 虚構の活動であること…日常生活とは乖離した非現実的な行動であるこ
   と

これらの要素は，確かにゲームの特徴をよく捉えているが，ゲームとして扱

うべき対象をどの範囲にするかによって，これらすべての要素が必須であるかどうかは議論が分かれるだろう。

1.1.2　ゲームの情報学的定義

本書では，ゲームを情報学的に捉えることを目的としている。ゲームをゲームたらしめている要素をなるべくシンプルに科学的に規定してみると，以下の3要素は外せない要素であると考える。

1. **プレーヤがいる**…ゲームをプレーするプレーヤが存在する。
2. **ルールがある**…プレーヤの行動を縛るルールが存在する。
3. **目標（勝敗）がある**…プレーヤが目指す目標（例えば，ゲームに勝つ，高得点を得る，なんらかの目標を達成する，など）がある。

この三つが存在し，その状況下でプレーヤが**プレー**（play）を行うと，ゲームという**場**（field）が創出される。**図1.1**は，さまざまなプレーヤがおのおの異なる目標aと目標bを目指してプレーしている状況を表したものである。

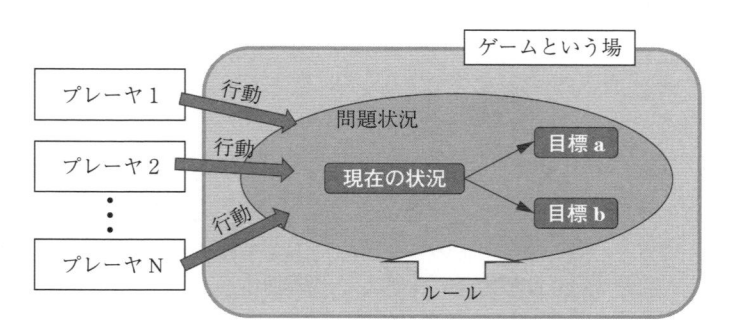

図1.1　ゲームという場

おのおののプレーヤは，まず，ルールによって規定された範囲内の行動を理解している必要がある。そして，プレーヤはその行動の中から自身の判断に従って一つの行動を選択し，ゲームの状況を変化させ，それぞれの**目標状態**（goal state）に向かってプレーを進める。目標は一つでも目標状態は複数ある場合があり，目標状態に至る道は一つではないことが多いので，ゲームは筋書

きのないドラマのように進行する。いずれにしても，ゲームをゲームたらしめているのは，プレーヤとルールと目標の三つである。ゲームにおけるプレーとは，プレーヤがルールに従って状態を変化させることによって生じる。

　この定義に従って，世の中のゲームといわれるものを見渡してほしい。少なくともこの3要素をもっていることが確認されるだろう。

　例えば，じゃんけんを考えてみよう。じゃんけんのプレーヤは何人でも構わない。また，ルールも存在する。じゃんけんのルールは，掛け声とともにプレーヤが同時に3種類ある手の形のいずれかを提示し，**図1.2**に示すような勝敗関係に従って勝敗を決める。ゲームの目的は，それぞれのプレーヤがじゃんけんに勝つことである。このように考えると，じゃんけんはやはり前述の定義によりゲームであるといえる。このゲームにおいては，たがいに相手の手が事前にわからないことがゲームとして重要であり，したがって，同時に手を出すこと（同時性）によってそれが保たれる。じゃんけんにおいては，掛け声がこの同時性を実現するための重要な役割を担っており，もし一人でも遅れて手を出した場合は，「後出し」という反則となり，ゲームは成立しない。

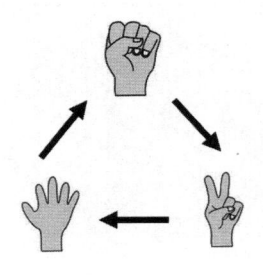

図1.2　じゃんけんにおける手の形による勝敗関係

　ゲーム情報学では，このように，プレーヤ，ルール，目標がはっきりしたものをゲームの対象として扱うことが多い。逆にこれらが不明確なものは，情報学的に扱いづらく，対象にはなりづらい。

　また，ゲーム情報学が注目するのは，ゲームの場におけるプレーの部分である。ゲームをプレーするためには，なんらかの知的情報処理を行う必要があり，人間はこれを行っている。人工知能的な興味としては，どのようにしてこ

のような知的なプレーを実現しているのか，ということであり，認知科学的な興味としては，人間がどのようにしてこのような知的なプレーを実現しているのか，プレーするためになにをどのように学習しているのか，ということになろう。

1.1.3 ゲーム情報学の研究領域

ゲーム情報学という分野では，さまざまな研究テーマが扱われている。以下に，その研究テーマを列挙してみる。

(1) ゲームプレーのアルゴリズムと人工知能

(2) ゲームの学習アルゴリズム，機械学習

(3) ゲームの認知科学的研究

(4) ゲームの学習支援，熟達化支援

(5) デジタルゲームと新しい技術の応用

(6) ゲーム理論による人間の行動の分析

(7) ゲームの社会への応用，ゲーミフィケーション

ゲームを対象とした研究は，パズルやチェスを題材とした研究が中心となって行われてきた。本書では，第Ⅰ部，第Ⅱ部では，(1)，(2)，(3)を中心に説明し，(4)についても少しふれる。第Ⅲ部では，応用分野として，(5)のデジタルゲームへの実用的な応用例について説明していく。

ゲームは，人間にとってなじみやすく，入り込みやすい性質をもつ。また，自然と競争心や向上心を刺激する。このような性質から，体や脳の機能回復のようなリハビリテーション，学習支援，能力開発などの分野への応用も期待されており，一方で(6)や(7)のような分野も広義の意味でゲーム情報学の範疇ではあるが，本書ではあまり扱わない。本書では，ゲームAIを中心に，それに関わる認知科学的研究などについて紹介していく。

1.2 ゲームの情報学的分類

1.2.1 プレーヤの数による分類

ゲームは，プレーヤの数によって分類される。少ないほうから，0人ゲーム，1人ゲーム，2人ゲーム，3人以上（多人数）ゲーム，というように大別できる。ここでは，それぞれについて見ていこう。

〔1〕 **0人ゲーム**　　0人ゲームとは，プレーする人が関与しないゲームのことである。ゲームにはプレーヤがいるという前節の定義といきなり矛盾が生じるが，プレーヤが関与せずに事態が進行するゲームもあると解釈することができる。また，プレーヤが操作し得ないNPC（ノンプレーヤキャラクター）が一定のルールに従ってプレーしているとも解釈できる。いずれにしても，プレーヤが関与せずにプレーするゲームは0人ゲームに分類される。

0人ゲームの代表格としては，ライフゲームが挙げられる。ライフゲームは，1970年にイギリスの数学者**コンウェイ**（J.H. Conway）が考案した生物の誕生，繁栄，淘汰などのプロセスを再現したゲームである。生物集団では，過疎でも過密でも生存に適さない，という個体群の生態学的な側面をもつ。それを数学的にシミュレーションしたものが，「**ライフゲーム**（The game of life）」である。

格子状の各セルの一つ一つに生物の生死を黒マス■と白マス□で表すものとする。生物の生死を以下のルールで繰り返す。

誕生…死のセルの周囲8近傍にちょうど3個の生のセルがあれば，つぎのターンで生のセルになる。

生存…生のセルの周囲8近傍に生のセルが2個か3個あれば，つぎのターンでも生のセルになる。

過疎…生のセルの周囲8近傍に生のセルが1個以下ならば，つぎのターンで死のセルになる。

過密…生のセルの周囲8近傍に生のセルが4個以上ならば，つぎのターンで

死のセルになる。

図 1.3 は，中央のセルに関する生死のセルの基本ルールに対応する例を表している。

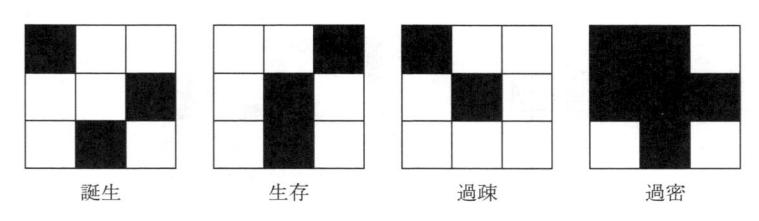

誕生　　　　　生存　　　　　過疎　　　　　過密

図 1.3 ライフゲームにおける「誕生」，「生存」，「過疎」，「過密」の基本ルール

ライフゲームでは，最初に初期状態としてゲームフィールドに適当に生物を配置すれば，その後は，上述のルールに従って延々と生死の状態を変化させていく。配置パターンによって，固定的な挙動になったり，複数のパターンを周期的に繰り返したり，移動したり，繁殖したりするさまざまな特徴的なパターンが発見されている。

このような 0 人ゲームは応用例が多く，例えば，地球環境のシミュレータや，災害が起こったときの被害予測をするシミュレータなどが挙げられる。複雑系では，予測が一意に定まらずカオティックな結果になる場合もある。いずれにしても，初期状態と状態変化ルールのみを与えて，後はプレーヤの影響を受けずに淡々とルールに従って状態を変化させつづけるようなゲームは，0 人ゲームの一種である。

〔2〕 **1 人ゲーム** 1 人ゲームとは，各種パズルに代表されるように，プレーヤが 1 人のゲームである。**図 1.4** に示すような「数独（ナンプレ）」，「ノノグラム（イラストロジック）」，「虫食い算」などの鉛筆を使って問題を解いていくパズルはペンシルパズルと呼ばれ，世界中で多くの愛好者がいる。一定のルールに従ってマスを埋めていくことで，解答が導かれる。これらのパズルはすべて 1 人ゲームに分類される。パズルの他にクイズやなぞなぞなども，広義の 1 人ゲームということがいえるだろう。

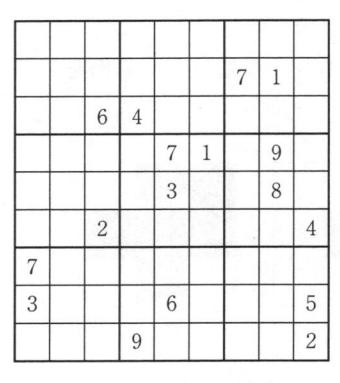
（a）　数独（ナンプレ）

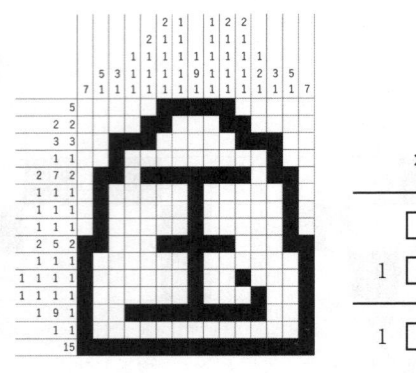
（b）　ノノグラム（イラストロジック）

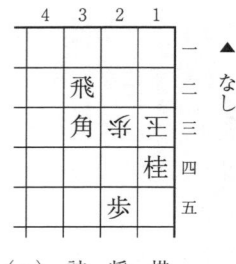
（c）　虫食い算

図1.4　ペンシルパズルの例

　また，図1.5の詰将棋や詰め碁のように，2人ゲームから派生した1人ゲームも存在する。例えば，詰将棋は，普通の将棋のルールに加えて，王様を詰ますことを目的とする「攻方」と最長手数で王様を逃がすことを目的とする「玉方」の双方の手を考え，詰め手順を1人で見つけるパズルゲームである。

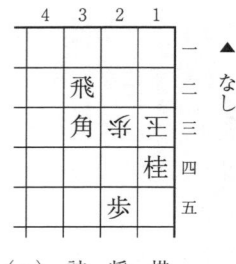
（a）　詰　将　棋

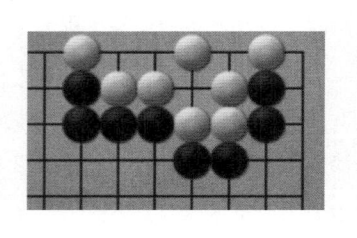
（b）　詰め碁（黒先白死）

図1.5　詰将棋と詰め碁の例

　これらのパズルは，人間の思考過程や問題解決能力を測るものとしてよく用いられ，認知科学，人工知能の発展に寄与してきた。

〔3〕　2人ゲーム　　2人，もしくは2チームで対戦する形のゲームのことである。図1.6に挙げたようなチェス，将棋，囲碁，オセロなどのボードゲーム，また卓球，柔道のように2人が向かい合って対戦するスポーツなど

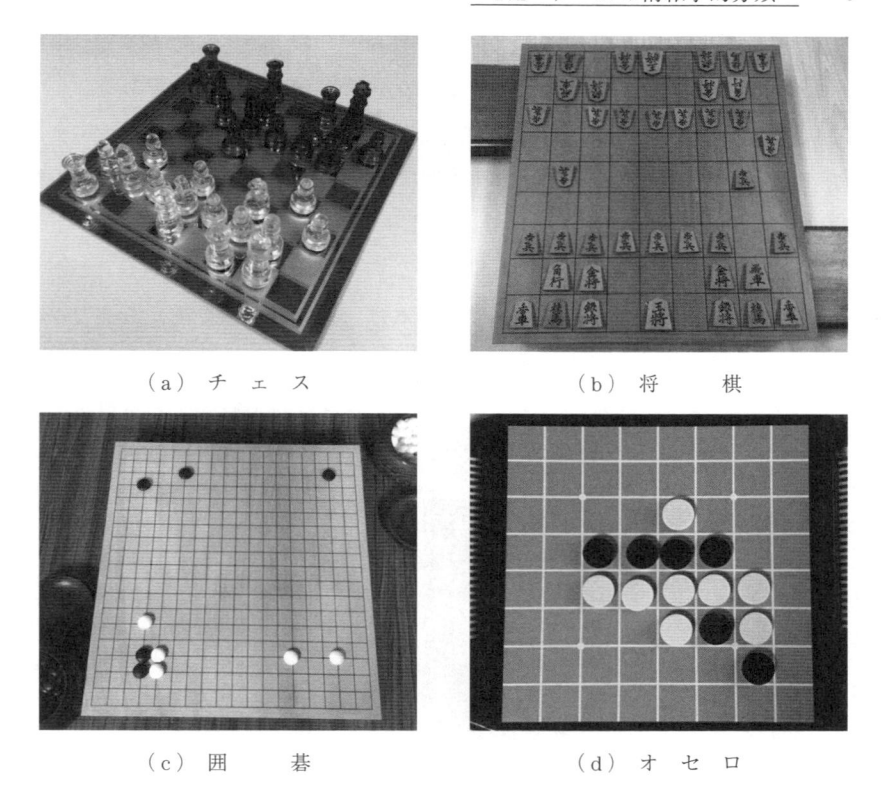

（a）チ　ェ　ス　　　　　　　　（b）将　　　棋

（c）囲　　　碁　　　　　　　　（d）オ　セ　ロ

図1.6　2人ゲームの例

は，2人ゲームに分類される。また，野球，サッカー，テニスのダブルスなど
も，実際のプレーヤの数は多いが，2チームのメンバーはチームの勝利のため
に対戦していると考えれば，広義の2人ゲームと定義できる。

　この後の章でも説明するが，ゲーム情報学の研究の歴史は，多くはこの2人
ゲームを中心に行われてきた。対戦型ゲームの最小の単位であり，対戦相手の
思考を読むという要素も含んでおり，ゲームの研究を対象とする上で最も基本
的なプレー人数の単位である。

　〔4〕　**多人数ゲーム**　　3人，もしくは3チーム以上で行うゲームを多人数
ゲームと呼ぶことにする。麻雀，モノポリー，多人数で遊ぶトランプゲーム，
などがこれに当たる。

　ただ，3人で行うゲームは比較的少ない。というのも，2人が結託すること
で1人を陥れるプレーができてしまうような戦略が存在するためである。

　図1.7は，3人ゲームの代表格である「ダイヤモンドゲーム（チャイニーズ
チェッカーなどとも呼ばれる）」の初期配置であり，頂点が六つある星型の盤
面の三つの頂点で構成される三角形に15個の駒を配置した状態でスタートす
る。手番では，自分，他者の駒の区別なく，駒一つ分だけ飛び越えることがで
きる。また，飛び越えた先にさらに駒があれば，連続して飛び越えることがで
きる。これを繰り返し，対面にある三角のエリアにすべての駒を早く移動させ
たほうが勝ちとなる。ダイヤモンドゲームは，3人の力学のバランスがよくと
れたゲームであり，2人が結託しにくいという性質をもつ。

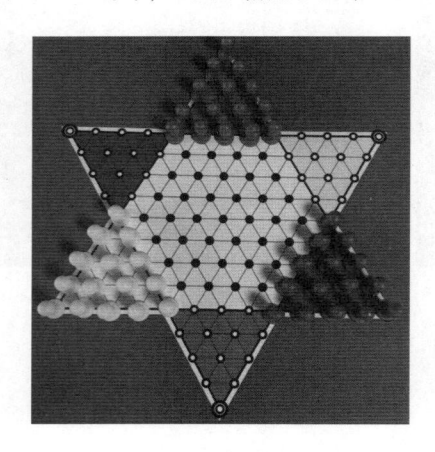

図1.7　ダイヤモンドゲーム
の盤と初期配置

　4人で遊ぶゲームとしては，麻雀や4人将棋などが挙げられる。5人以上で
遊ぶゲームは，多くのトランプゲームなどがある。インターネットの普及によ
り，ネット上で遊ぶ**MO**（multiplayer online）や**MMO**（massively multi-play-
er online）などのゲームも多く見られ，ネットの普及前のオフラインゲームで
は想像ができないほどの多人数（数千人から数万人規模）が一つのゲーム
フィールドで遊ぶゲームも登場している。

1.2.2　完全情報性

ルール上，プレーヤがやってよい行動は**合法手**（legal move）と呼ばれる。逆に，やってはいけないこと，禁じられている行動を**非合法手**（illegal move）と呼ばれる。将棋でいえば，同じ筋に2枚歩を置いてはいけないという"二歩の禁（同じタテの列に歩を2枚以上打ってはいけない）"などは，典型的な非合法手であるし，サッカーで一般プレーヤはボールに手でふれてはいけないが，これも禁じ手としての非合法手であるといえる。

ゲームにおいて，すべての手番において，自分だけでなく相手の手も含めてそれまですべての行動や状態を知ることができるゲームを**完全情報ゲーム**（perfect information game）と呼ぶ。このようなゲームは，囲碁，将棋，チェス，オセロなどの多くのボードゲームが挙げられる。

それに対して，すべての状態を知り得ないゲームも存在する。例えば，ポーカーやブラックジャックなどのほとんどのトランプゲーム，麻雀，花札，トレーディングカードゲーム，軍人将棋などは，現在の状況は複数の可能性のある局面のうちのどれか一つであることしか知り得ない。このようなゲームは**不完全情報ゲーム**（imperfect information game）と定義される。

前節で述べたじゃんけんも，手を決定する際に相手の手の状態が三つの手のいずれかであることしかわからないので，後出しをしないかぎり，不完全情報ゲームであるといえる。

1.2.3　確定性

ゲームにおいて，サイコロや乱数，あるいはなんらかの外乱によって，ゲームに偶然性の要素が入ってくるゲームのことを**不確定ゲーム**（non-deterministic game）と呼ぶ。それに対して偶然の要素を含まないゲームを**確定ゲーム**（deterministic game）と呼ぶ。

確定ゲームは，将棋，囲碁，オセロなどであり，プレーヤが選んだ手は確実に遂行され，そこに不確定な要素は含まれない。一方，不確定ゲームは，サイコロでつぎの手を決める双六やバックギャモン，乱数の影響を受けるスロット

マシンやクリティカルヒットなどのある対戦ゲームなどが挙げられる。また，多くのスポーツも不確定ゲームである。例えば，サッカーでは，プレーヤは100％狙ったところに蹴ることは難しい。風や天候などの気象条件やピッチコンディションやプレーヤのスキルなどの影響を受けて，偶然の要素が入り込む。これらの外乱は，ゲームに不確定性をもたらし，結果として筋書きのないドラマを生み，ゲームに深みや面白さを創出する。

1.2.4 ゼ ロ 和 性

ゲームにおいて，プレーヤ全体の利得の合計がゼロになるゲームは，**ゼロ和ゲーム**（zero-sum game）に分類される。

例えば，将棋，囲碁，オセロなどの2人で行う対戦ゲームでは，勝ちを+1点，負けを-1点，引分けを0点とすると，プレーヤの利得の合計は，ゼロになる。また，麻雀では点棒をやり取りするが，一般の麻雀は，3万点を点棒の原点と定めて，それからどれだけプラスになったか，マイナスになったかを競う。3万点を原点したときに，誰かがプラスになれば誰かがマイナスになり，結果としてプレーヤの利得の合計はゼロになる。このようなゲームは，ゼロ和ゲームと呼ばれる。

それに対して，プレーヤの利得の合計がゼロにならないゲームもある。1人で行うパズルなどは，解ければ嬉しいのでプラス，解けなければ悔しいのでマイナスと考えると**非ゼロ和ゲーム**（non-zero-sum game）に分類される。

2人以上で行うゲームでも，プレーヤ同士が協力して敵と戦う協力型のデジタルゲームなどは，そのチームが勝てばプレーヤ全体が嬉しいのでプラスであり，負ければゲームエンドになってしまったり，全員がダメージを受けたりして，マイナスとなるようなものがある。このようなゲームは，非ゼロ和ゲームの一種である。

非ゼロ和ゲームについては，古くから人間や社会の関係としての社会心理学の分野で**ゲームの理論**（game theory）として研究されてきた。例えば，2国間の関係でいえば，相互に信頼し合い良好な関係が築ければ，たがいに互恵関

係を築けるが，相互不審が募って戦争状態に陥ってしまえば，たがいが傷つき，どちらの国が勝ったとしても相互に大きな打撃を受ける。

　この関係を特徴的に示したものとして，「**囚人のジレンマ**（prisoners' dilemma）」というゲームがある。**図1.8**は，囚人のジレンマの状況を表している。このような状況に置かれた2人の囚人をプレーヤと考えると，2人ゲームと考えることができる。この2人の服役の可能性の損得勘定を表にしたものが**利得表**（payoff matrix）である。

　〈囚人のジレンマ〉

　ある凶悪な犯罪を引き起こした2人組が，刑期3年ほどの軽微な罪で逮捕された。当局は，彼ら2人がこの凶悪事件の犯人なのではないかと疑っているが，その確証をつかめていない。そこで，この2人を独居房で切り離して，たがいが相談できない状況にして，彼らに悪魔的な取引きを持ち掛ける。「相手の凶悪な罪を告白すれば，相手は10年の刑期になるが，お前は無罪放免にしてやる。」いい話ではないか。

　しかし，いい話ばかりではなかった。「ただし，お前だけでなく，相手もお前の罪を告白したら，2人そろって6年の刑に服さなければならない。」という。さて，この囚人は，相手の罪を告白すべきだろうか？

2人の利得表

相手 ＼ 自分	協　調：告白しない		裏切り：告白する	
協　調：告白しない	自分：3年	相手：3年	自分：0年	相手：10年
裏切り：告白する	自分：10年	相手：0年	自分：6年	相手：6年

図1.8 囚人のジレンマと利得表

　自分と相手の2択の行動に応じて，4種類の状態が想定されるが，それらの利得の合計はゼロ和にはならない。利得表を自分目線で考えると，協調行動をとった場合の利得は，相手が協調行動のとき3年，裏切り行動のとき10年なので，平均すると6.5年となる。同様に計算すると，自分が裏切り行動をとった場合の平均は，$(0+6) \div 2 = 3$ 年となる。自分の利得だけを考えれば，裏切ったほうが得ということになる。しかし，2人の合計の利得を考えると，2人ともが協調行動をとった場合には，2人の合計の刑期は $3+3=6$ 年となり，1人が裏切った場合は $10+0=10$ 年，2人が裏切った場合には $6+6=12$ 年となる。2人全体の利得を考えると，協調行動をとったほうが得になる。

　このように，社会的な人間関係では，たがいが相手を信頼して協調行動をとったほうが全体の利得になるが，たがいが利己的な行動をとったほうが自分の利得が増えるという場面はよくある。例えば，2国間の関係を例にとれば，相互に互恵的な関係をつくることができれば，たがいにとって良好な関係を構築することができるが，相互に不信感をいだくことになれば，最悪の場合，戦争状態に陥り，どちらが勝ったとしても両者の損害は大きくなる。

　社会心理学の分野では，このような社会ゲームを題材にした研究が古くから多く行われており，非ゼロ和ゲーム状況における人間の行動選択について条件を変えて多くの実験が行われてきた。この囚人のジレンマにおける数学的な性質については，5章で詳述するので参照してほしい。

1.2.5　有　　限　　性

　終了することが保証されているゲームを**有限ゲーム**（finite game）と呼ぶ。例えば，オセロ，七並べ，サッカーなど多くの人工的なゲームのほとんどは，終了する。また，例えば野球で同点のときには，延長戦をすることが決まっているゲームでも，人間同士のゲームでは体力の限界があるので"延長は12回までとし，それでも同点だった場合引分けとする"というように，終了させるべくゲームのルールを規定する。また，ババ抜きのように，2人のプレーヤが残ってたがいがババ以外を引きつづけたらゲームは終わらなくなるが，確率的にそのようなことが起こる可能性が著しく低いゲームであれば，おおむね有限ゲームと考えてよいだろう。また，プレーヤが明確に終了に向けたプレーを行わなければ，終了が保証されていないゲームも存在する。例えば，将棋などは，双方が相手の玉を捕まえることを目標としなければ，ゲームは終了するとはかぎらない。相手の王様を捕まえるための十分な技量をもっていない場合にも，同様のことが起こる。弱いころのコンピュータ将棋同士の対戦では，このようなことがよくあり，数百手を超えても勝負がつかないということも生じた。コンピュータ将棋選手権のような大会では決着をつけなければならないので，持ち時間を切れ負けにして，1手はどんなに短くても1秒かかるという

ルールにして時間切れを強要したり，上限の手数を決めそこまでに決着がつかなければ引分けとする，というようなルールをつくったりして，終了させるようにルールを付け加えている。

それに対して，そもそも終了することが保証されていないゲームも存在する。例えば，1人ゲームで紹介したライフゲームは，終了条件を規定しなければ延々とゲームはつづく。また，繰り返しプレーすることが前提のゲームなども広義の無限ゲームといえる。このようなゲームは**無限ゲーム**（infinite game）と呼ばれる。デジタルゲームでは，仮想空間の生活を楽しむ「セカンドライフ」や「どうぶつの森」といったゲームなどがあり，ゲーム空間が存在しつづけるかぎり，明確な終了条件はないのでゲームは終わらない。ポーカーやブラックジャックのようなゲームも1回勝負ということはあまり考えられない。チップがなくなれば負けというルールも考えられるが，チップがなくならないかぎり延々とゲームはつづく。これらのゲームは無限ゲームに分類されるだろう。

1.2.6　ゲームの分類とその役割

ゲーム研究においては，個々のゲームの性質を客観的に分類し，性質を理解することは重要である。例えば，将棋や囲碁やオセロなどは，二人完全情報**確定**ゼロ和ゲームと分類され，サイコロを用いるバックギャモンや人生ゲームなどは，二人完全情報**不確定**ゼロ和ゲームと分類される。この確定性の違いが，ゲームのプレーに大きな影響を与え，ゲームプレーする AI のアルゴリズムにも大きな違いを与えている。

上述した分類は，最低限抑えておきたいゲームの分類であるが，個々のゲームのもつ性質に着目することは，それぞれのゲームに合ったプレーアルゴリズムや，ゲームをプレーする人間の思考過程を考える上で非常に重要である。このように，客観的にゲームを一段高い位置から分類し，眺める視点をもつことは重要である。

2章　ゲーム情報学の基礎

　ゲーム情報学は，人工知能と認知科学の研究が基となって生じた。ここでは，ゲームを科学的に捉えるための基礎的な枠組みである問題解決の考え方について学ぶとともに，ゲーム情報学の研究の歴史を代表的なゲームを中心に俯瞰していく。

2.1　ゲームと問題解決

2.1.1　ゲームと問題解決空間

　ゲームは，ルールに従ってプレーする場であると1章で定義した。このように捉えると，ルールによってゲームをプレーするために想定される解決に至るまでの状態空間を考えることができる。ここでは，ゲームをプレーするときの問題解決に至るまでの問題の状態について考えてみよう。

　問題を簡単にするために，1人ゲームのパズルで考えてみる。**図 2.1** は，**ハノイの塔**（Tower of Hanoi）と呼ばれる伝統的なパズルである。この問題を解

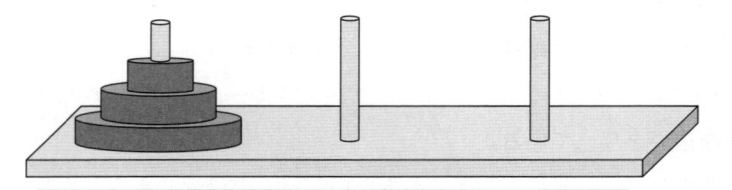

〈移動ルール〉
○ 円盤は1枚ずつペグからペグに移動できる。
○ 小さい円盤の上にそれより大きい円盤を乗せてはならない。
〈ゲームの目的〉
○ すべての円盤を一番右のペグに移動する。

図 2.1　ハノイの塔のパズル

くときに，どのような状態を想定する必要があるだろうか？

　3枚のハノイの塔のパズルにおける状態遷移を表したものが**図2.2**である。この図を見ると，このパズルは，左上の**初期状態**（initial state）から，右下の目標状態に至る状態遷移という形で表現されることがわかる。

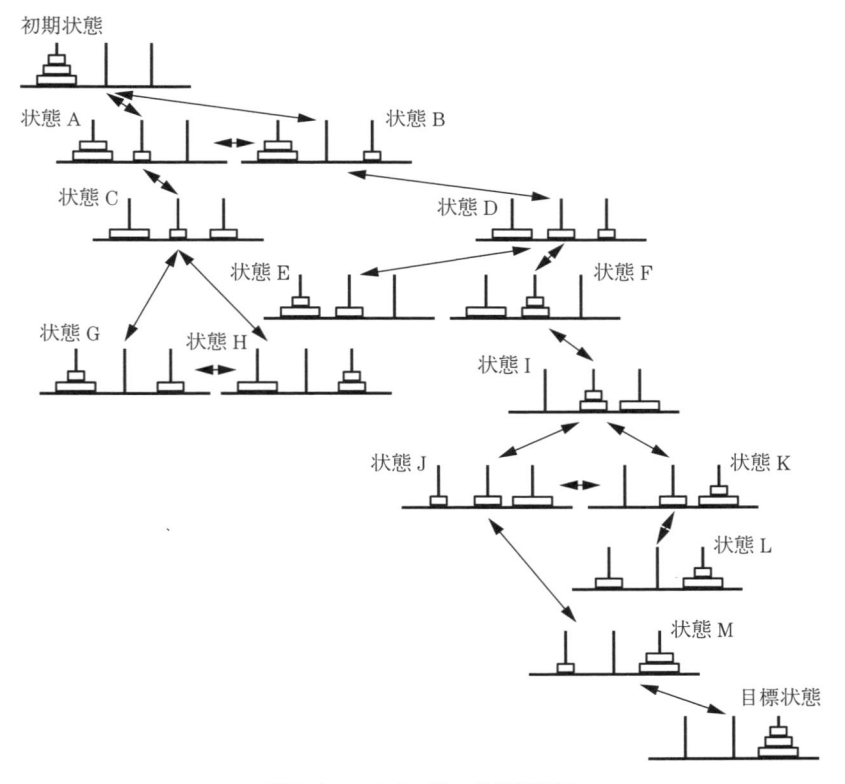

図2.2　ハノイの塔の状態遷移図

　初期状態からつぎに動かせる円盤は，一番上の円盤だけであり，それを真ん中のペグに移動する（状態A）か，右のペグに移動する（状態B）かのいずれかであるので，初期状態からつぎの状態へは2通りしかない。状態Aから考えると，つぎの状態は，小さい円盤を元に戻す（初期状態）か右に移動する（状態B），もしくは二つ目の円盤を右に移動する（状態C），の3通りが考え

られる。このように，順々に状態を展開していくと，この問題で起こり得るさ
まざまな状態が表現され，その中に目標状態が見つかる。

　人間の思考過程を調べる認知科学の分野では，1950年代から60年代にかけ
て，**ニューウェル**と**サイモン**（A. Newell and H.A. Simon）が多くのパズルを
題材とした問題解決の研究を行っている。この研究では，**問題解決空間**（prob-
lem solving space）という形で，この状態遷移過程が表現されている。パズル
において，ルール上やってよい行動は**操作子**（operator）と呼ばれ，初期状態
から目標状態に至る操作子系列を見つけることが，このパズルという問題を解
くということであるとした。

2.1.2　一般問題解決器

　さて，このようなゲームを人間はどのように解いているのだろうか。

　ニューウェルらは，人間の問題解決のモデルとして，**一般問題解決器**（gen-
eral problem solver，**GPS**）という考え方を提唱した。

　前述のハノイの塔の問題で考えてみると，人間はこのような問題が与えられ
ると，現状態と目標状態を比較して少しでも目標状態に近づく手を選択する。
図2.2であれば，なるべく右のペグに円盤が近づくほど，目標状態に近づく
と考えると，図中の状態の右ほど解決に近い状態と判断できる。したがって，
なるべく右のペグに円盤をもっていくことで目標状態に近づけようとする。こ
れを**手段-目標分析**（means-ends analysis，**MEA**）と呼んでいる。

　しかし，闇雲に目標状態に近づけようとしても，うまくいかない。例えば，
状態Iの局面で目標状態に近づけようと適当に状態Kに移動しても，その後目
標状態に近づけることはできなくなる。このようなときには，目標状態から逆
算して，目標に近づくための**副目標**（sub-goal）を立てることで，一見すると
遠回りになる行動を可能にする。ハノイの塔の問題でいえば，最も大きい円盤
を右ペグに移動するという副目標1を立てる。この副目標を達成するために
は，それ以外の円盤を真ん中のペグにすべてもっていく必要が出てくる。これ
が副目標2となる。このように，適当な副目標を逆算して設定することで問題

を解いていく方略を**副目標設定方略**（sub-goal setting strategy）と呼んでいる。ニューウェルらは，これらの考え方を用いた一般問題解決器によって，さまざまなパズルの問題解決行動を説明した。

2.1.3 二人完全情報確定ゼロ和ゲーム

ゲーム情報学の研究では，「チェス」を中心に研究が進んできたという歴史がある。チェスは，1章で述べたゲームの分類に照らすと，**二人完全情報確定ゼロ和ゲーム**（two-players perfect information determinate zero-sum game）に分類される。このようなゲームは世界中に多く存在し，それぞれの文化圏で，知的ゲームとして楽しまれてきた。

チェスは，**図 2.3** のように，盤上に先手（白）と後手（黒）の駒が配置されたゲームで，先手後手が 1 手ずつ定められた駒の動きに従って手を進め，最終的に相手のキング（王）をとれば勝ちとなる。このように，盤と駒を使って相手のキング（王）をとることを目標としたゲームは世界中に多く存在し，中国では「象棋（シャンチー）」，韓国では「チャンギ」，タイでは「マックルック」，日本では「将棋」などがそれらの仲間であり，これらのゲームの仲間は**チェスライクゲーム**（chess like game）と呼ばれている。

二人完全情報確定ゼロ和ゲームには，他にもチェッカー，オセロ，連珠，囲

 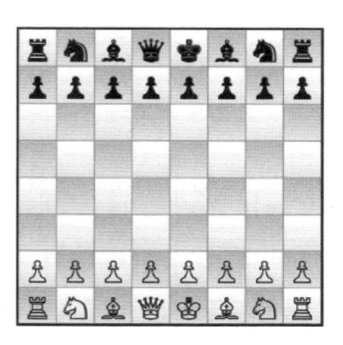

（a） チェスボード　　　　　（b） チェスの初期配置

図 2.3　実際のチェスボードとその初期配置

碁など数多くあり，それぞれ多くのプレーヤが存在する。

これら二人完全情報確定ゼロ和ゲームには，以下のような特徴がある。

〈特　徴〉

(1)　先手後手，相手の合法手がたがいにすべて開示されている。

(2)　ゲーム木という形でゲームの問題解決空間が表現できる。

(3)　有限ゲームであれば，必勝法（先手必勝か後手必勝か引分けか）が存
　　在する。

(1)は，完全情報ゲームなので，当然である。(2)，(3)については，以降で
説明していく。

2.1.4　ゲーム木と必勝法

　ここでは，二人完全情報確定ゼロ和ゲームの最も簡単な「**三目並べ**（Tic tac toe)」を例に挙げて，説明しよう。

　図2.4は，三目並べの一つのゲーム局面とそのルールを示したものである。このゲームは，二人で行うゲームであり，あらゆる意思決定の状況でそれまでのすべての状態に関するすべての情報が得られ，不確定な要素がなく，どちらかが勝つとどちらかが負けるゲームなので，チェスやオセロ，将棋，囲碁などと同じ，二人完全情報確定ゲームに分類される。図2.4の左の例を見てみると，この後，双方が最善を尽くすと引分けになることが容易に理解できるだろう。

　このゲームの状態遷移を問題解決空間で表したものが**図2.5**である。一番

三目並べのルール
〈用意するもの〉
・3×3の盤
〈ゲームの進行〉
・先手は○，後手は×をマス目に交互に書き込む。
〈勝利条件〉
・相手より先にタテ・ヨコ・ナナメのいずれかで
　三つ自分のマークを並べたら勝ち

図2.4　三目並べのプレーの一例とそのルール

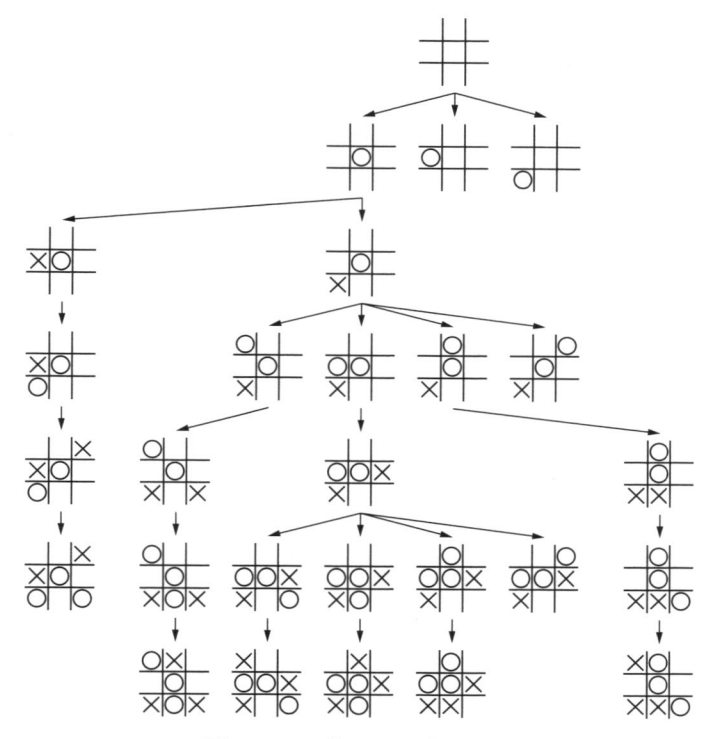

図 2.5 三目並べの問題解決空間

　上がゲームの初期状態であり，その下の三つが先手の考えうる合法手を表している。厳密には，合法手は 9 手あるが，盤面の回転を許せば，中央か辺か隅かの 3 種類しかないことがわかる。

　さらにその下は，先手が中央に打った場合の後手の考えうる手を表している。これも盤面の回転を考慮すれば，辺と隅の 2 種類しかない。一番左の辺に打った場合を考えると，その後先手が図のように打てば，先手勝ちとなる。同様に，隅に打った場合のその後の変化も同様に手の分岐が考えられる。

　このように，合法手でゲームの状態を展開していく状態遷移の図を**ゲーム木**（game tree）と呼んでいる。一番上の初期局面が木の根っことなり，**根節点**（root node）であり，下に行くほど枝分かれし，一番末端は木の葉となり，**葉**

節点（leaf node）と呼ばれる。

　このように，二人完全情報確定ゲームでは，ゲームの状態はゲーム木という形で表現できる。

　上述のように三目並べをゲーム木で表すと，例えば，一番左の節点で後手が2手目で辺を選んだ手は悪手であることがわかる。ゲーム木では，その一つ前の節点まで遡り，別の手を調べる。この遡りを，**バックトラック**（back track）と呼ぶ。すなわち，先手が中央を選んだ場合は，後手は隅を選ぶしかない。同様に，以下のすべての節点について同様に両者が最善を尽くすように節点を選択していくと，すべての葉節点を調べ尽くすことは可能である。

　図2.5では，先手が真ん中を選んだ場合のゲーム木を検討したが，同様に，辺，隅を選んだ場合のゲーム木も，三目並べ程度のゲームであれば人手で調べ尽くすことは可能で，すべてを調べ尽くすと，引分けになることがわかる。

　このように，二人完全情報確定ゼロ和ゲームでは，ゲーム木という形でゲームの状態遷移をすべて表現することが可能であり，この木を調べ尽くせば，両者が最善を尽くしたときに，「先手必勝か後手必勝か引分けになるか」が判明する。これはゲームの**必勝法**（surefire way to win）を見つけるということであり，必勝法を見つけることを**ゲームを解く**（solving a game）と呼んでいる。

2.1.5　探索量から見たゲームの複雑さ

　二人完全情報確定ゼロ和ゲームにおいて，ゲームの状態はゲーム木で表現できることはすでに述べたとおりである。あるゲームの探索局面数は，大まかに**図2.6**のように表現される。

　仮に，あるゲームの平均合法手が N 通りであるとして，決着がつくまでの平均終了手数が M 手であることがわかっているとしたら，そのゲームを解くために必要となる探索局面数は，大まかに以下のように概算される。

$$N \times N \times \cdots N = N^M \quad \text{〔通り〕}$$

　この式を使って，比較的多くの対戦データのある二人完全情報確定ゼロ和ゲームについて，その平均合法手と平均終了手数を基に，ゲームの探索局面数

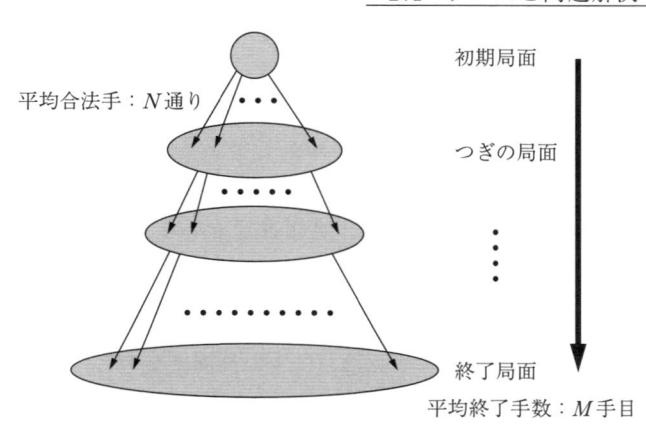

平均合法手：N 通り

初期局面

つぎの局面

終了局面

平均終了手数：M 手目

図 2.6 ゲームにおける探索局面数

が概算される。以下の**表 2.1** は，その概算によって得られた各ゲームの探索局面数である。

表 2.1 ゲームとその探索局面数

ゲーム	探索局面数
チェッカー	10 の 30 乗
オセロ	10 の 60 乗
チェス	10 の 120 乗
中国象棋	10 の 150 乗
将　棋	10 の 220 乗
囲　碁	10 の 360 乗

一般に，探索局面数が多いものほど，探索によって「次の一手」を求めることが難しくなるので，ゲーム木探索の手法を用いたゲーム AI の開発が困難になる。実際，ゲーム AI の研究の歴史を見ても，探索局面数の少ないものから順に開発が進められてきた。

2.2　ゲーム情報学の歴史

2.2.1　チ　　ェ　　ス

　ロシアの計算機科学者でチェス AI 研究者でもある**クロンロッド**（A. Kronrod）は，「チェスは人工知能研究のミバエである」という言葉を残している。これは，チェスの研究が人工知能研究に多大な貢献を果たしてきたことを，遺伝子研究においてミバエが果たしてきた役割になぞらえた言葉である。それほど，チェスは人工知能研究において，中核となる重要な地位を占めてきた。

　機械にチェスをプレーさせるという試みの歴史は，18 世紀に遡る。チェスの自動機械に関して最初に歴史に登場するのが，1770 年にハンガリーの発明家である**ケンペレン**（W. von Kempelen）によってつくられた「トルコ人」と呼ばれる自動機械である。

　図 2.7 は，後世に残っているこの自動機械の絵である。この機械は，「**トルコ人**（The Turk）」と呼ばれ，チェスを自動的にプレーする自動機械として紹介されたが，実は右の絵のように中には人間が入っていて，指し手の選択部分は人間が行っていたことが後になって明らかにされた。しかし，このマシンは非常に巧妙にその機構を隠すようにつくられており，1820 年代に見破られる

図 2.7　チェスを指す機械「トルコ人」

まで，約50年以上もの間秘密が守られたといわれている。この機械はフランスやイギリスなどヨーロッパ各地でプレーされ，ナポレオンとの対戦の記録も残されている。このことからも，当時非常に注目を集めた機械であったことが伺われる。チェスをプレーする知能の部分は人間が行っていたわけであるが，この機械の話から，「チェスを自動的にプレーさせる機械をつくりたい」という欧米人の強い動機があったことが読み取れる。

人工知能の黎明期に活躍した**チューリング**（A. Turing），**ノイマン**（J. von Neumann），**シャノン**（C.E. Shannon）らも機械が知をもちうるかという問いを解く鍵として，「機械はチェスをプレーしうるか」という問いを掲げ，チェスの研究に強い興味をもっていた。

チューリングは，1940年代に紙面上のハンドシミュレーションとしてチェスをプレーするアルゴリズムについて研究を始め，機械の役割について議論した。シャノンは，1950年にチューリングの研究を受けて論文「チェスプレーのためのコンピュータプログラミング」の中でチェスをプレーする自動機械の意義を示し，チェスを人工知能研究の中で大きな意味をもつ研究として位置づけた。この中で，チェスプログラムの二つの大きな方向性を提唱している。一つは，ゲーム木のすべての探索をしらみつぶし的に行う手法で**全幅探索**（full width search）とも呼ばれる。もう一つは，可能性のある手だけを深く読む**選択的探索**（selective search）と呼ばれる手法である。前者は **Type A**，後者は **Type B** と呼ばれる。

1951年に，シャノンの同僚である**プリンツ**（D. Prinz）が世界初となるコンピュータチェスプログラムを書いたとされている。当時のハードウェアのメモリと計算速度には限界もあり，完全なチェスのプレーを行うことはできなかったが，1957年に**バーンスタイン**（A. Bernstein）らが初めて完全にチェスプレーできるコンピュータプログラムを実現した。すべての局面からあり得そうな七つの手のみを考慮するという前向き枝刈りの手法が用いられ，**ミニマックス探索**（mini-max search）を用いて，当時の計算能力で4手先まで約8分程度の探索時間をかけて手を選択していた。前向き枝刈りを行うためには，人間

プレーヤの経験則を経験的知識である**ヒューリスティック**（heuristic）として表現する必要があった。

同じ時期には，人工知能研究の先駆者であったニューウェル，サイモン，**ショー**（J.C. Show）が「**NSS**」と呼ばれるコンピュータチェスプログラムを開発した。NSS は，Newell，Simon，Show の3名の頭文字をとって名づけられた。彼らは，ミニマックス探索において，悪手を効率的に枝刈りするために**$\alpha\beta$ 枝刈り**（alpha beta pruning）の手法が導入されたばかりか，探索をさらに効率化するためにヒューリスティックな手法も組み込んだ。なお，$\alpha\beta$ 枝刈りを用いたミニマックス探索は **$\alpha\beta$ 探索**（alpha beta search）と呼ばれる。この時点ですでに現在のチェスプログラムの基礎的なアルゴリズムは考案されていたといっても過言ではない。$\alpha\beta$ 探索については，6章において詳細に技術的説明があるので，参照されたい。

1950 年代後半から 1960 年代に入り，**マッカーシー**（J. McCarthy）が指導し，**コトック**（A. Kotok）ら学生が開発した「**Kotok-McCarthy**」というプログラムが，MIT で公開された。このプログラムは，100 試合ぐらいの経験をもつアマチュアに勝つレベルであったといわれている。それから数年後，1967年にマッカーシーの指導を受けた**グリーンブラット**（R.D. Greenblatt）によって開発されたプログラム「**マックハックIV**（Mac Hack IV）」は，人間の参加する大会に出場し，強い高校生のプレーヤに勝利するまでのレベルになっていた。1秒間に 100 局面ほど先読みすることができて，5手先まで読んでいた。当時のレーティングにして 1 600 以上の実力があったといわれている。このころのコンピュータはハードウェアの性能もあまり高くなかったこともあり，ミニマックス探索をベースにした選択的探索（Type B）が用いられていた。

一方，同じ時期に，1963 年からモスクワのクロンロッドの研究室で開発された「**ITEP**（Institute of Theoretical and Experimental Physics）」というプログラムは，Type A の手法が用いられていた。1965 年には，マッカーシーがモスクワを訪れ，ITEP と Kotok-McCarthy の対戦が実現した。この対戦は，翌1966 年まで9箇月にわたってつづけられ，3勝1敗で ITEP が勝利している。

これら二つの手法のどちらが優れているのかについては，1970 年代に至るまで長い論争となった。

1970 年代に入ると，**ステイト**と**アトキン**（D. State and L. Atkin）らによる「**ChessX.Y**」（X と Y にはバージョンを表す数字が入る）と呼ばれるプログラムがつくられる。彼らのプログラムでは，**ビットボード**（bit board）と呼ばれる局面表現方法を導入して，駒の位置の表現だけでなく，攻撃や防御，移動などの計算を高速に行うことを実現した。ハードウェアの進歩や $\alpha\beta$ 枝刈りの手法の改良などとも相まって，この時期以降，コンピュータチェスは全幅探索（Type A）の手法へと大きく舵をきることになる。

1980 年代には，パーソナルコンピュータの普及に伴って，多くの開発者がコンピュータチェスの開発をするようになった。すると，世界マイクロコンピュータチェス選手権（The World Microcomputer Chess Championships）というコンピュータチェスのための大会が開かれるようになり，開発競争が加速した。そして，1980 年代の後半には，カーネギーメロン大学の研究者たちが開発した「**ディープソート**（Deep Thought）」というプログラムは，グランドマスターレベルの 2500 を超えるレーティングをたたき出すに至った。

その後，IBM はディープソートの研究者を集め，当時の世界チャンピオンであったカスパロフ（Garry K. Kasparov）に勝つことを目標にコンピュータチェスの開発に着手する。そして，ディープソートをベースに，チェス専用の大規模集積回路プロセッサをつくり，専用ハードウェアを備えたマシン「**ディープブルー**（Deep Blue）」を開発する。このモンスターマシンは，当時の計算速度で，1 秒間に約 2 億手を計算する能力を有した。ディープブルーは，過去に 2 回カスパロフに挑戦している。1996 年 2 月には，カスパロフが 3 勝 1 敗 2 引分けで勝ち越し，歴史的な対戦となった 1997 年 5 月には，前年のシステムを改良して対戦に臨み，世界中の注目を集めることとなった。結果は，2 勝 1 敗 3 引分でディープブルーが勝ち越し，歴史的な勝利を収めることとなる。

この対戦は，チェス専用マシンという特殊なハードウェアによる，ブルート

フォース方式とも呼ばれる膨大な**しらみつぶし探索**（brute-force search）の勝利であったといわれている。カスパロフとしては内容的に不本意な対戦であったことなどもあり，IBM 側に再戦を要求したが，ディープブルーは対戦の後すぐに解体され，現在では一部がカリフォルニア州のコンピュータ歴史博物館に所蔵されている。

　歴史的には，この事象をもって，コンピュータが人間のトップに勝利したのは 1997 年といわれることが多いが，ディープブルーと対戦した棋力のわかっているプレーヤとの対戦数があまりに少ないため，実際にディープブルーの強さについての評価は難しい。

　1997 年以降も，コンピュータチェスと人間との対戦はつづけられており，2000 年代前半ころまでは，人間とコンピュータはよい勝負を演じていた。しかし，ほどなく人間のトップをはるかに超えるレベルに達し，ゲーム AI を強くするという目的においては，人工知能研究の主役の座を明け渡している。

2.2.2　将　　　　　棋

　チェスが人工知能研究において重要な位置を占めてきたのに対して，将棋の研究は非常に遅れていた。世界初のコンピュータ将棋プログラムは，1974 年に早稲田大学の大学院生であった**瀧澤武信**らによって開発され始めたものとされている。開発の目的は作家の斎藤栄の「江戸時代の有名な棋士である天野宗歩が現代に蘇ったら，現代の棋士（当時のトッププロ棋士である中原誠や米長邦雄ら）とどんな対戦をするだろうか？」という問いに答える形のものであった。なお，瀧澤は早稲田大学の教授となり，その後コンピュータ将棋協会の会長になり，現在でもこの分野を牽引しつづけている。

　黎明期のプログラムとしては，他に大阪大学の奥田育秀ら，東京農工大学の**小谷善行**のプログラムが挙げられる。コンピュータ同士の対戦は 1980 年前ころから行われるようになり，初の対戦は 1979 年に早稲田大学対大阪大学で行われた対戦といわれている。

　1980 年代に入ると，パーソナルコンピュータの普及に伴って，パソコン上

で動作するゲームソフトの需要が高まり，コンピュータ将棋に対する期待も高まった。1980 年代中盤には市販のソフトが発売されるようになってきた。当時はマシンスペックが低く，評価関数も簡単なものが用いられていたこともあり，人間から見るとかなり弱いプログラムばかりであった。それでも，ファミリーコンピュータ上で動作するソフトも複数現れるなど，コンピュータ将棋に対する需要が高まってきた。

　1980 年代後半になると多くの市販ソフトが登場し，将棋プログラム開発に興味をもつ人たちが集まる場として，**コンピュータ将棋協会**（Computer Shogi Association，**CSA**）が 1987 年に設立され，開発者間の情報交換の場として機能し始めるようになる。さらに，どのプログラムが最も強いのかを競う大会開催の機運が高まり，1990 年 12 月に第 1 回となる**コンピュータ将棋選手権**（Computer Shogi Championship）が開催されるようになり，開発競争が激化していった。

　1990 年代に入ると，詰将棋を題材に研究が盛んに行われるようになった。これは，一つには当時のハードウェアの性能の限界により，指し将棋におけるすべての合法手を探索し尽くすことが困難であったためである。詰将棋であれば，攻め方は王手のみ，受け方は王手回避のみに合法手を限定でき，深い探索が可能であったためという理由が考えられる。詰将棋の研究において，さまざまな探索の手法が試みられた。ここで得られた探索技術の知見は，その後の指し将棋の探索技術の発展に大きな影響を与えている。このころの指し将棋の探索技術としては，ハードウェアの能力制約もあり，ヒューリスティックスを用いた**最良優先探索**（best-first search）などの手法が主流であった。これらの探索の手法は，4 章でもふれる A^* アルゴリズム（A star algorithm）などとも関連が深い。技術的詳細については，4 章を参照されたい。

　2000 年代に入ると，さまざまな新しい技術を組み込んだプログラムが出現し，この分野がかなり高度に進化した。**鶴岡慶雅**らが開発した「**激指**」では，**実現確率探索**（realization probability search）と呼ばれる手法が提案された。これは，指し手に特徴量を与え，ある局面でその手を指す可能性を数値化して

いる。局面 A において，指し手 M が選ばれたときに局面 A′ に推移するとする。その場合，局面 A′ の実現確率は，以下の式で計算される。

　　　（局面 A′ の実現確率）＝（局面 A の実現確率）×（指し手 M を指す確率）

　この式を用いて探索節点（局面）ごとの実現確率を求め，局面の実現確率がある閾値を下回ったら，探索を打ち切り葉節点とする。この手法を用いることで，「ありそうな手」だけを深く読もうとする考え方である。

　激指は 2000 年代に長く活躍し，この手法の有効性を示した。2005 年のアマチュア竜王戦に特別枠で出場し，全国のアマチュアトップクラスがひしめく中で，3 勝 1 敗という成績でベスト 16 に進出し世間を驚かせた。

　その翌年，2006 年に登場した**保木邦仁**が開発した「**Bonanza**」というプログラムが世界コンピュータ将棋選手権に初出場で初優勝を果たした。Bonanza は，2007 年にプロ棋士のタイトルホルダーであった渡辺明竜王（当時）と対戦し，敗れたものの善戦し，その強さを示した。

　Bonanza の功績は以下の二つが挙げられる。一つは，コンピュータ将棋にビットボードの考えを導入したことであり，もう一つは，**評価関数の機械学習**（machine learning of evaluation function）の手法を提案したことである。特に後者の評価関数の機械学習は，コンピュータ将棋の開発を劇的に進化させてきた。それまで，将棋の評価関数は，開発者の経験的な知識に基づいて手作業でつくられていた。そのため，開発のためには将棋の知識が必須とされてきた。ところが，Bonanza は，プロ棋士やアマチュア強豪の棋譜を教師データとして，そこに現れる手と同じ手を選択できるようにパラメータを調整する手法を実現した。この手法により，コンピュータ将棋は，プロ棋士に近い評価関数を手に入れることができるようになり，大きな進歩を遂げた。

　2010 年前後には，ハードウェアの並列化の動きに伴って，並列探索の手法が模索されるようになる。東大の**田中哲朗**研究室の研究グループが中心となった「**GPS 将棋**」は，メモリを共有しない疎結合並列の計算機上でゲーム木探索の分散並列を実行する手法を提案する。

　また，2010 年には，情報処理学会が 50 周年を迎えるにあたり，トッププロ

棋士に勝つコンピュータ将棋プロジェクトを発足し，当時考え得るソフトとハードを融合した最強のプログラムの開発が行われた。当時コンピュータ将棋選手権で優勝を争っていた「激指」，「GPS 将棋」，「Bonanza」，**「YSS」**（**山下宏**開発）の 4 プログラムを組み合わせた**「あから 2010」**[†]というプログラムが開発され，この四つのプログラムをつなぐために，電通大の伊藤毅志研究室らが提案した**合議アルゴリズム**（consultation algorithm）と呼ばれる手法が用いられた。合議アルゴリズムとは，複数の将棋プログラムが選び出した候補手の中から一つの手を選択する手法の総称で，「あから 2010」では最も多くのプログラムが支持した候補手を選択する**多数決合議**（consultation by majority vote）と呼ばれる手法が用いられた。あから 2010 は，2010 年に当時の女流トップであった清水市代女流王将に勝利した。

近年では，評価関数の学習データは人間の強豪の棋譜からコンピュータ同士の棋譜へと移行しており，自己対戦に基づいた**強化学習**（reinforcement learning）の手法が取り入れられ，人間を凌駕するコンピュータ将棋が実現されるようになってきている。2010 年以降は，ドワンゴが主催する「電王戦」という形で，プロ棋士とコンピュータ将棋の対戦がつづけられてきた。2012 年には，トッププロ棋士を含む 4 名の男性プロ棋士 5 名と五つのコンピュータプログラムが対戦し，3 勝 1 敗 1 分とコンピュータ将棋が勝ち越し，その後も毎年プロ棋士とコンピュータの対戦は行われ，コンピュータ側に優位な対戦結果が得られつづけている。

2017 年には，現役のタイトルホルダーである佐藤天彦名人が**山本一成**の開発した**「ponanza」**と対戦し，ponanza 側から見て 2 連勝という結果となり，すでに人間を凌駕するレベルになっていることが示された。

[†] なお，「あから」とは，仏典の命数法にある「阿伽羅」からとった言葉で，10 の 224 乗を表す。将棋の探索量が約 10 の 220 乗であることから「あから」と名づけられた。

2.2.3 囲　　　　碁

　最初のコンピュータ囲碁のプログラムは，**レフコビッツ**（D. Lefkovitz）によって 1960 年につくられたとされている。1962 年には，コンピュータ囲碁に関する初の学術的な論文が**リーマス**（H. Remus）によって発表され，この中でコンピュータ囲碁への機械学習の適用が検討されている。その後，1969 年に最初に初心者の人間プレーヤに勝利したコンピュータ囲碁プログラムが，**ゾブリスト**（A. Zobrist）によってつくられる。ただ，その棋力は 38 級と書かれており，級位は存在しないほど低い棋力であることから，対戦した人間プレーヤはほぼ完全な初心者であったことが推察される。60 年代から 70 年代の初期のころの研究は，**ソープとウォールデン**（E. Thorpe and W. Walden）による小 路盤の研究か，**ベンソン**（D. Benson）らによる狭い範囲の石の死活問題に関する研究が主であった。

　70 年代に入って，囲碁プログラムの基礎となった考え方である**影響力関数**（influence function）と呼ばれる概念が導入される。盤上の石の周辺には，その石の影響力が働いているとする考え方である。**図 2.8** は，影響力関数の一例であるが，その石の距離に応じた石の影響力の大きさを右図のように表現している。チェスや将棋の研究にならって，局面を数値化し，評価関数をつくろうとする考え方に基づいている。これによって，本格的な囲碁プログラムの開発が進められた。

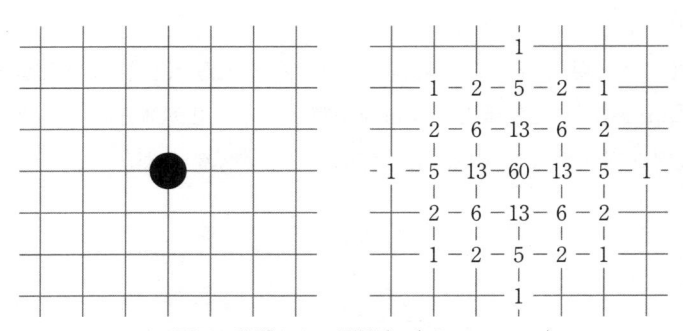

石の周辺に発散される影響力（ポテンシャル）

図 2.8　石の周辺の影響力関数の例

1979年には，**ライトマンとウィルコックス**（W. Reitman and B. Wilcox）による囲碁プログラムが開発され，人間の初級者に対して9子[†]というハンディキャップで勝利し，15級レベルほどであったといわれている。このプログラムでは，囲碁の盤面を同じ色の石の仲間を結ぶセクターラインという考え方を導入しており，その後のコンピュータ囲碁の開発に大きな影響を与えた。

これ以降，2000年代の前半まで大きな技術革新もなく，人間の思考を模倣する形のプログラムが主流となった。すなわち，石の形から石のつながりや地を認識し，石の強さや死活などを判定し，その局面の評価関数のようなものを構築する。さらに，定石や布石，手筋などを知識として教え，それに基づいて候補手を生成し，それらの候補手を選んだ場合の優劣を比較して，「次の一手」を決定していく。いわゆる知識ベースと部分的な探索を組み合わせたシステムであった。

2000年代後半に，**モンテカルロ木探索**（Monte-Calro tree search，**MCTS**）と呼ばれる手法が登場して，状況は一変する。これは，1990年代に囲碁界で試されたモンテカルロ法に工夫を加えることで，劇的な効果を生み出した。対比のために，1990年代に用いられたモンテカルロ法を**原始モンテカルロ法**（pure Monte-Calro method）と呼ぶこともある。技術の詳細は次章に譲るが，この手法のお陰で，コンピュータ囲碁は一気にアマチュア有段者から高段者へと駆け上がった。

2008年には，プロ棋士の金明完八段が，US Go Congress という碁のイベントにおいて，9子というハンデ戦ながら**シルヴェイン**（G. Sylvain）らが開発したコンピュータ囲碁プログラム「**MoGo**」に敗れた。プロ棋士が公の場で，置き碁とはいえ敗れるのは，これがほぼ初めてといってよい。同年12月には，UEC杯コンピュータ囲碁大会のエキシビションマッチにおいて，**レミ・クーロン**（Rémi Coulom）の開発した「**Crazy Stone**」が7子で青葉かおり四段に勝利した。2010年には，6子でプロ棋士に勝利するプログラムが現れるなど，

[†]　9子とは，下手側があらかじめ盤上に九つの石を置いた状態でゲームが開始されるハンデ戦のことである。置く石の数が多いほど大きなハンデとなる。

これまでの低迷を取り戻す勢いで長足の進歩を見せた。

　コンピュータ囲碁界において，モンテカルロ木探索の手法があまりにも劇的な進化をもたらしたので，モンテカルロ革命と呼ばれることもある。しかし，その後，進歩は徐々に鈍化し，2015 年ごろには，当時最強と言われた**尾島陽児**らが中心に開発した「DeepZenGo」がプロ棋士を相手に 4 子では勝つことがあるものの，3 子では苦戦をするレベルにとどまっていた。

　2016 年 1 月に突如現れたのは，Google 傘下の Deep Mind 社が開発した「**アルファ碁（AlphaGo）**」である。Nature に発表された論文では，**ディープニューラルネットワーク**（deep neural network，**DNN**）という手法を用いて，任意の局面における手の予測器を構築し，プロ棋士の選択する手と比べて 57 ％という非常に高い精度の予測を実現したとした。この予測器を**ポリシーネットワーク**（policy network）と呼ぶ。論文では，さらに同じ規模のネットワークを用いて自己対戦した結果を用いて強化学習を行うことによって，局面を与えるとその局面の勝率を非常に高速に出力することも可能にした。このネットワークは**バリューネットワーク**（value network）と呼ばれ，一種の評価関数に近いものを獲得したといえる。

　これまで，強いコンピュータ囲碁プログラムがつくれなかった最大の要因の一つに評価関数をつくることができなかったという理由があったので，この発表は大きな衝撃を与えた。さらに，この年の 3 月には，韓国のトッププロ棋士である李世ドル九段と対戦して，4 勝 1 敗と大勝した。翌 2017 年には，世界最強と言われている中国の柯潔九段と対戦し，3 戦全勝で勝利を収めた。

　さらに，2017 年 10 月には，「**アルファ碁 Zero**（AlphaGo Zero）」と呼ばれる新しい技術を用いたコンピュータ囲碁プログラムの論文が発表された。教師データを用いずに，ポリシーネットワークとバリューネットワークを統合した新しいネットワークと探索技術を用いて，自己対戦のみからゼロから学習する手法が用いられている。この手法によって，従来のアルファ碁を上回る能力を手に入れることに成功している。

　コンピュータ囲碁は，モンテカルロ木探索とディープラーニングという二つ

の大きなブレークスルーによって劇的な棋力進化を実現し，一気に人間のトップをはるかに上回る能力を得ることとなった。

2.2.4 その他のゲーム

〔1〕 **チェッカー**　　チェッカーは，チェスボード上に色の違うコマを用いて遊ぶゲームである。チェスボードの濃い色の部分のみを使う。**図2.9**の左は初期配置であり，右はゲームが進行した一例である。コマは斜め前方に移動できる。前方に相手の駒があり，その向こう側が空いている場合，相手のコマを飛び越して取ることが可能である。一番向こうまで移動するとコマを裏返して成り「キング」に昇格する。キングは，前方のみならず，後方にも移動可能となる。最終的に，相手のコマをすべて取るか，相手の合法手をなくしたほうが勝ちとなる。

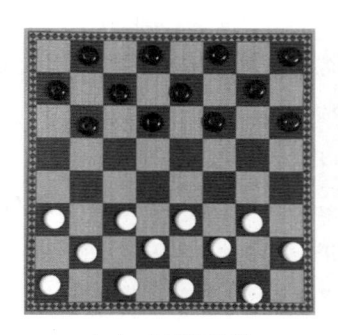 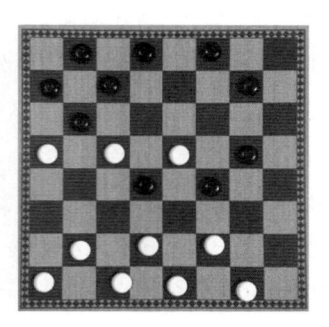

（a）初 期 配 置　　　　　　（b）進 行 例

図 2.9 チェッカー

チェッカーは，チェスに比べて探索量が少ないゲームであるため，コンピュータのハードウェアが十分でないころによく研究された。さまざまなプログラムがつくられたが，1990年代にカナダのアルバータ大学の**シェーファー**（J. Schaeffer）らが作成した「**Chinook**」というプログラムは，人間のトッププレーヤに迫る強さを示した。Chinookは，序盤データベース，終盤のエンドゲームデータベースを有し，開発者が手作業でつくった評価関数を用いた深い

ゲーム木探索によって構成されていた。当時の世界チャンピオンであるティンズリー（M. Tinsley）と対戦し，2勝4敗33引分という成績を残した。なお，ティンズリーはおそらく史上最も強い人間のプレーヤで，彼の競技人生45年間の間に，人間を相手にたった5回しか負けたことがないという素晴らしい戦績を残している，まさしく人類最強のプレーヤである。Chinookは勝ち越せなかったものの，その彼に対して2回勝ったという意味で十分に強いプログラムであったことが推察できる。なお，翌1993年にもこの対戦はつづけられたが，対戦の途中でティンズリーは病に倒れ，結局Chinookとの対戦の決着はつかないままとなった。

　その後，シェーファーらの研究グループは，完全解を求めるという研究にシフトして，2007年に完全解が求められる。その結果，先手後手双方が最善を尽くすと引分けになるゲームであることが示されている。

〔2〕**オセロ**　　オセロも，ハードウェア能力に制約があったころにはよい研究対象とされ，1970年代後半から開発が行われた。基本的にゲーム木探索の手法を用いている点ではチェスやチェッカーと同様の構造であるが，探索を効率化するさまざまな手法が用いられて深い探索を実現した。

　1977年に，**ライト**（E. Wright）によってFORTRANで書かれたプログラムが最初のプログラムとされ，その後1980年には，**リーブ**（M. Reeve）らによって開発された「Moor」というプログラムが，当時の世界チャンピオン井上博と6番勝負で対戦し1勝をあげた。同年，カーネギーメロン大学の**ローゼンブルーム**（P. Rosenbloom）は「IAGO」というプログラムを開発し，各種大会で活躍した。

　その後1992年，**ビューロー**（M. Buro）は「**Logistello**」というプログラムの開発を始めた。Logistelloは，評価関数を用いたゲーム木探索，パターンの知識が用いられ，さらに10万局以上の自己対戦によって，このパターンの知識の改良が行われていた。その後，1997年に当時の世界チャンピオンである村上健との対戦が行われ，6戦全勝でLogistelloが圧倒している。コンピュータ囲碁と人間の対戦については，諸般の事情で対戦がなかなか行われなかった

が，人間のトップを超えていたのはもう少し早い時期であったのではないか，といわれている。

　なお，小路盤のオセロの研究としては，4×4 と 6×6 の盤のオセロがコンピュータによって解かれていて，いずれも白番（後手）必勝であることが知られている。8×8 の盤のオセロについては，まだ解かれていないが，強豪プログラムによる長年にわたる対戦結果の傾向から，引分けになるのではないかといわれている。

　〔3〕　**バックギャモン**　　バックギャモンは，サイコロを用いたすごろく型の不確定ゲームである。紀元前から原型となるゲームが遊ばれていたという記録が残っているが，7 世紀ころには，日本にも伝来しており，世界中に伝播したゲームである。

　コンピュータプログラムの研究もコンピュータ黎明期から行われており，多くの研究が行われてきた。最初の強いコンピュータプログラムは，1979 年に**バーリナー**（H. Berliner）によって開発された「**BKG**」で，エキシビションマッチで世界チャンピオンの**ヴィラ**（L. Villa）に勝利している。しかし，このときはコンピュータの出目がよく，ヴィラのほうがよいプレーをしていたといわれている。

　テサウロ（G. Tesauro）が，熟達者のゲームプレーヤのデータベースを基にニューラルネットワークを用いて学習した「**Nerurogammon**」というプログラムを構築し，1989 年に行われた International Computer Olympiad において優勝した。

　1991 年には，テサウロは，プレーデータベースからではなく，セルフプレーにより学習する挑戦的なプログラム「**TD-Gammon**」を構築する。1 手 1 手からではなく終局までプレーして勝敗結果から手を学習するために，TD 学習と呼ばれる強化学習の手法が用いられた。1992 年には，TD-Gammon は人間の強いプレーヤとほぼ同等のレベルでのプレーが実現されている。

　不確定ゲームであるため，強さを測るためには相当数のプレーが必要であり，明確に人間のトップを超えるレベルになった時期を特定することは困難で

あるが，2000 年前後には人間のトッププレーヤも参加しているネットサーバ上でコンピュータがつねに上位に来るようになったことから，人間を超えたのではないかと考えられている。

〔4〕　**その他のゲーム**　　不完全情報ゲームとしては，コンピュータブリッジや**ポーカー**の研究が挙げられる。ブリッジの研究では，1982 年に**スループ**（T. Throop）によって開発された「**Bridge Baron**」が先駆的である。その後，1997 年に，このプログラムは第 1 回世界コンピュータブリッジ選手権で優勝する。1998 年には，**ギスバーグ**（M. Gisberg）によって構築された「**GIB**」が最強プログラムとなった。2000 年代に入ると，**クイフ**（H. Kuijf）による「**Jack**」が，2001 年から 2004 年に，さらに 2006 年にも世界コンピュータブリッジ選手権で優勝した。明確に人間のトップを超えた時期を特定することは難しいが，2000 年代には，人間トップに匹敵するプログラムが登場している。

ポーカーのプログラムは，1970 年代に**フィンドラー**（N. Findler）によって 5 カードドローポーカーのプログラムがつくられた。このプログラムは人間の思考過程のモデル化が目的であり，あまり強いプログラムではなかった。1980 年代には，ポーカープレーヤの**キャロ**（M. Caro）が，テキサスホールデムをプレーする「**Orac**」というプログラムを構築した。その後，1990 年代には，「Turbo Texas Hold'em」と呼ばれる市販のポーカープログラムが発売された。これはルールベース（3.1.1 項および 10.2.2 項 参照）で動作し，広く普及した。1997 年には，アルバータ大学のシェーファーらの研究者は，テキサスホールデムをプレーする「**Loki**」というプログラムを発表する。その後，1999 年には，アルバータの研究チームはこれを書き直し，「**Poki**」というプログラムをつくる。その後，2000 年以降もアルバータ大学の研究チームがポーカープログラムを改良しつづけ，トッププレーヤとさまざまなルールで対戦し，2017 年現在，トッププレーヤを脅かすプログラムも登場しているが，ルールなどに限定的な制限が加えられている場合が多く，まだ完全に人間のトップを超えたとはいえない。

他には，不確定要素の高い**カーリング**や**サッカー**などのスポーツゲームを対

象とした研究，さらには，不完全情報でコミュニケーションも必要とされる**人狼**など，また多くの役職を含む多人数デジタルゲームなどの研究も行われている。ゲーム AI 研究の対象は，確定ゲームから不確定ゲームへ，完全情報から不完全情報へ，2 人ゲームから多人数ゲームへと，より複雑なゲームへと発展する傾向が見られる。

3章　ゲーム AI と認知研究

　ここでは，ゲーム情報学の人工知能的な研究と認知科学的研究の基礎について学ぶ。ゲームをプレーする AI の三つのアプローチについて述べ，それぞれの特徴について説明する。また，ゲームをプレーする人間の思考過程を調べる認知科学的研究について，いくつかの研究を紹介する。

3.1　ゲーム AI とアルゴリズム

3.1.1　ゲーム AI の三つのアプローチ

　強いゲーム AI をつくりたいという目標を基に，さまざまなアプローチが行われてきているが，大別すると以下の三つのアプローチに分けることができる。

　これら三つのアプローチは排他的なものではなく，相互に連関したり，ハイブリッドな形で組み合わされたりして，実用化されている。

　〔1〕　ルールベースアプローチ　　ゲームをプレーする人間の経験的知識をトップダウン的にルールベースで記述していく方法である。開発者がある程度そのゲームに対して習熟している必要があり，知識を書き加えていくことで，複雑なプレーを実現する。

　このアプローチのよい点としては，開発者がプログラミングしたとおりにプレーしてくれるという点が挙げられる。逆にいえば，なぜうまくプレーできないか，あるいはうまくプレーできるかは開発者はよくわかっており，改良や変更を加えやすいというメリットが挙げられる。

　一方，悪い点もある。知識を書き加えていくためには，開発者はそのゲームを習熟している必要があるばかりか，習熟した知識を丹念に場合分けして記述

していく必要がある。また，一般に熟達者が習熟している知識は，非言語的な知識も含めると膨大ですべて記述することは不可能に近い。例外規則も多く，ときには相矛盾するような規則を記述してしまう場合もある。

　実際，ルールベースアプローチのみで人間を超えるようなパフォーマンスを実現することはほとんど不可能であり，他のアプローチを補う形で使われる場合が多い。

　〔2〕　**探索的アプローチ**　　これは，コンピュータのもつ計算能力を用いて，探索により手を見つけていく方法である。代表的なものは，チェスの研究に代表されるゲーム木探索が挙げられる。将棋やチェスなどのゲームでは，局面を節点として，つぎに想定されるすべての合法手により木を展開し，ゲーム木を形成する。適当な評価関数を設定して，このゲーム木をミニマックス探索の手法を使って膨大で単調な探索を行えば，ボトムアップ的につぎの手が決定される。

　このアプローチのよい点は，ゲーム木という形で局面を表現可能なことで，相応な評価関数を作成することができれば，後はコンピュータの計算能力に任せるだけで強いプログラムをつくることができる，という点が挙げられる。

　一方，このような探索的な枠組みをコンピュータに教えてやらなければプレーできない，という欠点もある。評価関数の設計が困難なゲームや，合法手が多くて探索において組合せ爆発を起こしてしまうようなゲームも不向きである。

　このようなゲームに対しては，モンテカルロアプローチという別の探索の手法も提案されており，囲碁や不完全情報ゲームなどで用いられ，大きな成果を収めている。

　〔3〕　**学習的アプローチ**　　これは，機械学習のアルゴリズムを用いたアプローチである。学習アルゴリズムにはさまざまな種類があるが，コンピュータ将棋のように膨大な棋譜データ（プレーログ）を教師データとして与えて評価関数のパラメータを事前に学習し，その学習結果を対戦に生かす**教師あり学習**（supervised learning）や，あるいは強化学習などの手法を用いてプレーキャラ

クターの行動を最適化していくような学習もある。具体的には，エアホッケーのプレーヤの行動を**Q 学習**（Q learning）と呼ばれる強化学習の手法で学習するものや，セカンドライフの中の NPC の行動に強化学習を用いることで，単調になりがちな NPC の動きを多様なものにする研究も行われている。ディープラーニング（deep learning）を用いたコンピュータ囲碁のプログラムなどもこのアプローチの一つである。

学習的アプローチは，うまく学習ができると人間らしいプレーを模倣できるようになったり，他の手法を組み合わせることで人間を上回るパフォーマンスを示したりすることもある。しかし，膨大な教師データが必要である場合があるばかりか，適切なパラメータを設定してやらないと学習がうまく行えないという問題点もある。また，なにを学習したのかが開発者にもわからない場合も多く，また強さの調整が難しく，開発者の意図しないプレーを学習してしまうこともある。

これら三つのアプローチについて，次項からさらに詳細に見ていくことにする。

3.1.2　ルールベースアプローチ

人工知能研究の**エキスパートシステム**（expert system）の考え方に基づいたアプローチで，ゲームをプレーする人間プレーヤの経験的知識を記述していく手法である。

エキスパートシステムは，**知識ベース**（knowledge base）と**推論エンジン**（inference engine）で構成される。知識ベースは，エキスパートのもつ知識をそのまま宣言的に記述したものであり，推論エンジンは，一般的な推論をルールとして記述したものである。

例えば，以下のような知識ベースと推論エンジンを想定してみよう。

〈知識ベース〉

1)　チンパンジーは授乳する。

2)　白鳥は空を飛ぶ。

3）　ムクドリは羽根をもつ。

〈推論エンジン〉

a）　空を飛ぶ動物は鳥である。

b）　羽根をもつ動物は鳥である。

c）　授乳する動物は哺乳類である。

これらのことから，以下のような論理的帰結が拡張される。

A）　チンパンジーは哺乳類である。

B）　白鳥は鳥である。

C）　ムクドリは鳥である。

このように，知識ベースと推論エンジンから知識が拡張され，知的な推論が行える。ゲーム AI でも，この考えを利用して，ゲームをプレーする AI をつくることも可能である。

例えば，三目並べにおいて，以下のような知識ベースと推論規則を記述すれば，そのルールに従って簡単なプレーは実現される。

〈知識ベース〉

1）　初手は必ず真ん中に打つ。

2）　2 手目は必ず隅に打つ。

〈推論エンジン〉

a）　もし相手の石がつぎに三目できそうなら，止める位置に打つ。

b）　a）以外なら，適当な空きマスにランダムに打つ。

もちろん，これだけの知識ベースと推論エンジンだけでは十分に知的なプレーは実現されないが，これら知識ベースや推論エンジンをさらに拡充していけば，より知的なプレーも実現できる。

例えば，将棋の序盤データベースやチェスの終盤データベースなどは，これらの知識ベースの一例である。また，探索の効率化において探索を優先する節点を決める際には，推論エンジンで記述された経験的知識が用いられている。

ルールベースアプローチの利点としては，改良とその結果が開発者にとって理解しやすい点，規則の追加・修正がしやすい点，などが挙げられる。その反

面欠点としては，複雑な問題解決を必要とするゲームでは例外規則を書くことが難しく，ルール同士に矛盾が生じてしまう点などが挙げられる。探索的アプローチなどの他の手法を組み合わせたり，他の手法を補強したりする形で利用されることもある。

3.1.3 探索的アプローチ

ゲーム情報学において，二人完全情報確定ゼロ和ゲームが中心に研究されてきたことはすでに述べた。チェスを中心としたゲームAIの研究のアルゴリズムの基本となっているのが，**ゲーム木探索**（game tree search）の手法である。

ここでは，ゲーム木探索で用いられている基本的な探索手法であるミニマックス探索とモンテカルロ木探索の手法について簡単に説明する。

〔**1**〕　**ミニマックス探索**　　チェスや将棋のようなゲームは，ゲーム木という形でゲームの問題解決空間を表現できることはすでに述べた。例えばいま，たがいの合法手が3手ずつのゲームで，自分の手番のとき，2手先の局面まで先読みした場合のゲーム木の例を**図3.1**に示す。図のように，2手先は，3×3＝9の局面が想定される。

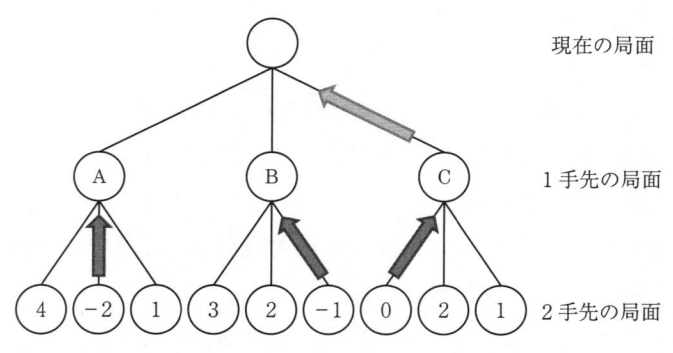

図3.1　ゲーム木のミニマックス探索の例

2手先の局面において，どちらがどれくらい有利かを，自分が有利なほど大きな値に，相手が有利なほど小さな値に，互角のときに0点になるものとして，それぞれの局面を数値化することができたとする。このように局面の優劣

を数値化する関数のことを**評価関数**（evaluation function）と呼ぶ。

いま，図の末端の九つの節点の評価値が左から順に 4, −2, 1, … と求められたとき，1 手先の A〜C の節点の値は，「相手は自分にとって最も嫌な手を選ぶはず」という考えから，それぞれの子節点の中からミニマム（最小）の点数の節点を選択する。すなわち，A の節点では −2 が選ばれる。同様に，B の節点では −1 が選ばれ，C の節点では 0 が選ばれることになる。ここで，自分は A から C の節点の評価値の中でマックス（最大）の手を選べばよいので，C の節点が選ばれるということになる。

このように，自分から見て奇数手先ではマックスの節点，偶数手先ではミニマムの節点の選択を繰り返すことで，このゲーム木における最善の手を選択できる。このような探索はミニマックス探索と呼ばれ，ゲーム木探索の最も基本的な探索手法である。ミニマックス探索の詳細については，アルゴリズム編の6 章において書かれているので，そちらも参照されたい。

〔2〕 **モンテカルロ木探索**　　ゲーム木で表される二人完全情報確定ゼロ和ゲームであっても，評価関数の設計が難しいものもある。その場合，せっかく探索しても末端の節点の評価値が信用できず，その結果，よい手を選択できないという問題が生じる。囲碁がその最たる例で，碁石一つ一つには意味がなく，つながって意味が生じるため，そのつながりがもつ意味をコンピュータに理解させることが難しく，評価関数の設計が極端に難しかった。

このように評価関数の設計の困難なゲームにおいて，代替手段として用いられた手法の一つが**モンテカルロ法**（Monte-Calro method）である。モンテカルロとはカジノで有名なモナコ公国の一地域であり，乱数を用いてシミュレーションを行うためにこの地名が象徴的に用いられている。

モンテカルロ法は，解析的に求めることが困難な値を膨大なランダムシミュレーションを行うことで近似的に求めようとする計算理論的アプローチであり，ゲームの世界だけでなく，さまざまな分野で用いられている。

この手法を説明するための例として，円周率の近似計算が挙げられる。いま，**図 3.2** のように，一辺が 2 の正方形に内接する円を描き，この正方形の

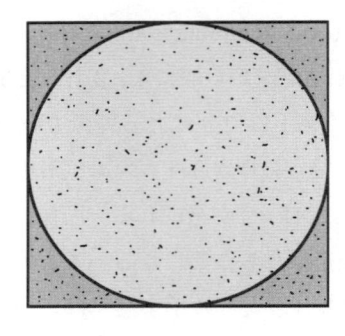

図 3.2　モンテカルロ法で
円周率を求める例

内部にランダムに 1 000 個の点を打ったとする。このとき，円の内部にある点の個数を数えて 786 個あったとすれば，（円の内部の点の数）：（全体の点の数）の比は（円の面積）：（正方形の面積）の比の関係が成り立つので，以下の式が導かれる。

$$\frac{1}{4}(\pi \times \pi \times 1) = \frac{786}{1\,000}$$

これを計算することによって，円周率 π は，$\pi = 3.144$　のように求められる。

　もっと十分に多くの点を打ってこの比を求めていけば，大数の法則から，より円周率の真の値に近づいていくことが推察される。このように，多くの乱数シミュレーションに基づいて近似解を求める方法を，モンテカルロ法と呼ぶ。

　これをゲームに単純に応用すると以下のようになる。例えば，**図 3.3** のようにゲームのある局面で合法手がいくつかあり，そこからランダムに手を選択してゲーム終了までプレーする（これを**プレーアウト**（play out）と呼ぶ）。ゲームの終了条件と勝利条件を教えておけば，ゲーム終了時に勝敗が判別できる。このプレーアウトを相応の回数繰り返せば，その局面における勝率が求まる。この図のように，左の節点から順に 100 回ずつプレーアウトして勝率が 52/100，43/100，48/100，55/100 というように求まったとすれば，一番右の節点の勝率が高いので，この節点の手が選ばれる。

　コンピュータ囲碁では，さすがにこのような単純なモンテカルロ法では強くならなかった。この単純なモンテカルロ法は，**原始モンテカルロ**と呼ばれてい

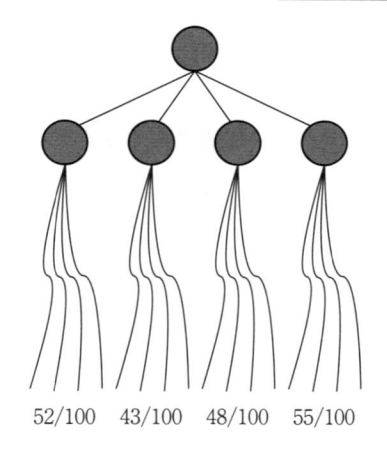

図 3.3　原始モンテ
カルロ法

52/100　43/100　48/100　55/100

る。ここに以下の工夫を加えることでモンテカルロ木探索という新しい手法に
昇華され，これが一つの大きなブレークスルーとなったのである。

　一つ目の工夫は，プレーアウトの質を高めるということである。プレーアウ
トの質が低ければ，ほとんどランダムなプレーを行っていることとなり，あり
得ないプレーばかりを調べていることになる。それではいくら膨大なプレー数
で平均をとっても妥当な結論は導けない。手の選択になんらかの知識を加える
ことで，シミュレーションの質を高めることが必要である。もう一つは，より
可能性の高い手により多くの計算資源を割り振るということである。モンテカ
ルロ木探索では，どの節点により多くの計算資源を割り振るかを決めるため
に，各節点の **UCB**（upper confidence bound）値を求めた。その UCB 値の最
も高い手ほどより多く選択することによって，計算資源の効率的配分を実現し
た。

　UCB 値とは，以下の計算式で求められる値である。右辺の第 1 項はその候
補手の期待値を表していて，これが大きいほど大きな値になる。第 2 項はその
候補手が選ばれれば選ばれるほど小さな値になる。すなわち，あまり選ばれて
いない候補手ほど大きな値になる。

$$\text{UCB 値} = (\text{ある候補手のその時点での勝率}) + \alpha \sqrt{\log\left(\frac{\text{すべての試行回数}}{\text{候補手を試した回数}}\right)}$$

　この式は，勝率が高くなりそうな候補手，あまり選択されていない候補手ほどUCB値は大きくなることを意味している。UCB値の高い手を優先的に選ぶことで，計算効率を向上させることができる。なお，α は適当な定数であり，この値が大きいほどより冒険的な手に計算資源を多く割り振ることになる。そして，この手法によって一定の閾値以上のプレーアウトが行われた節点については，さらに子節点を展開するという工夫を加えた。このプレーアウト回数の閾値はプログラムによって工夫され，適当な値を設定することで実現されている。

　このようなゲーム木探索は **UCT**（upper confidence bound for tree search）と呼ばれる。この二つの工夫を組み込んだモンテカルロ法はモンテカルロ木探索と呼ばれ，殊にコンピュータ囲碁で顕著な成功を示した。

　なお，このモンテカルロアプローチは，評価関数の設計が困難なゲームであることだけでなく，ランダムなプレーを行っても終了することが保証されているゲームで，有効であることが知られている。囲碁は，終了条件さえ与えておけば適当に石を打ってもいずれ終局するゲームなので，この意味でも適したゲームであったといえる。

3.1.4　学習的アプローチ

　機械学習を用いた手法全般は学習的アプローチである。機械学習のアプローチとしては，**確率的行動選択**（probabilistic move selection），強化学習，**遺伝的アルゴリズム**（genetic algorithm），**ニューラルネットワーク**（neural network）などが挙げられる。

　確率的行動選択とは，プレーヤの行動履歴などから行動の頻度を計算し，ある特定の状況でどのような手を選ぶのかを確率的に選択する手法である。例えば，将棋の序盤の定跡選択において，ある特定のプレーヤの棋譜を大量に入手することができれば，ある特定の局面において，どのプレーヤがどの定跡手

順を多く利用するのかを確率的に求めることができる。その頻度に応じて手を選択する手法を行えば，そのプレーヤが選びがちな定跡手順を多く選ぶプレーが模倣される。

　強化学習とは，学習させたい人工エージェントが好ましいプレーを行ったときに報酬を与え，そうでないときに負の報酬を与えることで，よりよいプレーを学習する手法である。**TD 学習**（temporal difference learning）や Q 学習と呼ばれる手法などがある。

　遺伝的アルゴリズムとは，学習させたいパラメータを遺伝子という形で表現した複数の個体を用意し，よりよい結果をもたらす個体を優先的に選択して交叉，突然変異，淘汰などの操作を繰り返すことで，より適応度の高い個体を見つけていく手法である。

　ニューラルネットワークとは，脳のシナプスの結合をコンピュータ上で模倣して形成した人工ニューロンを用いて，学習によってそのシナプスの結合の強さを調整し，目的とする判断能力をもつようにする学習モデルである。一般に多くの優秀なプレーヤのプレーログから，そのプレーヤが行っている認識や判断能力を学習によって身につけさせようとするときに用いられる。コンピュータ囲碁で非常に大きな成果を収めたディープラーニングとは，**畳込みニューラルネットワーク**（convolutional neural network，**CNN**）の一種であり，多層構造のニューラルネットワークを用いる手法である。アルファ碁は，囲碁のような非常に専門的で複雑な視覚的な局面認識さえ，学習することが可能であることを示した。

　ここでは代表的なものだけを用語として挙げたが，詳しい技術については機械学習の書籍などを参照されたい。ゲームの分野でも，多くのプレーヤのプレーログから教師あり学習を行うことでよいプレーを学習させようとするアプローチは，さまざまな形で行われるようになり，成果を収めている。第Ⅲ部応用編の 12 章では，それらの応用例について解説されているので，参照されたい。

3.2 ゲームと認知科学

3.2.1 認知科学的研究とその手法

　ゲームをプレーする人間の思考に関する研究は，認知科学的研究と呼ばれ，人工知能研究と両輪の関係になっている。人工知能研究において，ゲームが重要な役割を果たしてきたように，認知科学の人間の思考研究においても，ゲームは古くから研究対象とされてきた。

　認知科学とは，人間のさまざまな認知活動を多角的な視点から研究する研究領域のことであり，哲学，心理学，人工知能，言語学，人類学，脳神経科学などの学際的な学問が関係している。

　その中で，人間の思考を扱う「問題解決」という研究分野では，人間の知的な行動を明らかにするために，伝統的に**発話プロトコル分析**（verbal protocol analysis）と呼ばれる手法が用いられてきた。これは，被験者にある課題を与え，思考している過程をすべて発話させ録音し，それを言語化して分析するという手法である。この手法は，人間の思考過程を調べる研究において広く用いられており，多くの知見を残している。しかし，意識下の事柄しか発話できないことが指摘されており，無意識下の思考を抽出することは困難である。他のさまざまな計測装置を組み合わせることで，発話だけでは抽出することが難しい内容を補っていくことが必要である。

　近年では，人間の認知過程を計測するさまざまな機器が開発され，上述の発話分析などと併用されてその機能の解明に用いられている。視線の動きを計測する**視線計測装置**（eye tracking measurement device）では，ゲームをプレーする人間がどのように目から情報を得ているのかを明らかにしてくれる。また，脳の活動を計測する装置としては，**脳波計**（electroencephalograph）や**fNIRS**（functional near-infrared spectroscopy），**fMRI**（functional magnetic resonance imaging）などが挙げられる。

　脳波には α 波，β 波などがあるが，脳波でわかることは，覚醒状態である

か，課題に集中しているかなどの思考に対する副次的な内容であり，直接的に思考過程を明らかにすることにはあまり用いられない。

fNIRS は，身体への透過性の高い近赤外光を用いて脳の血流量の変化を多くの点で計測し，それを映像化して表示する脳機能イメージング装置である。具体的には，ヘモグロビンの吸光スペクトルが酸素結合の有無によって異なるという性質を利用し，ヘモグロビンの濃度変化から脳の活動を推定する，という方法を使う。低拘束性であること，体に安全な近赤外光を利用していることなど，利点も多い反面，脳の表層部（3 cm 程度）の血流量の変化しか調べることができないので，計測できるのは大脳皮質の表面のみで，脳深層部の血流変化は計測できない。

fMRI は，磁気共鳴を利用し，人間の脳の活動に関連した血流動態反応を視覚化するシステムである。脳の深部の活動も計測でき，高磁場のものであれば 1 mm 未満の空間分解能の可能性も報告されている反面，被験者は仰向けの体勢で計測機器に頭部を入れ固定され，高磁場のため金属などは身につけられず，実験内容がかなり制約される。

他にも，発汗計測，脈波測定など生体反応を計測する機器が比較的安価に入手できるようになっているが，課題遂行時の心的状態を補足的に計測する目的で用いられることが多く，思考過程そのものを計測する機器ではない。

人間の思考過程を直接調べることは困難なため，上記のさまざまな測定方法を組み合わせ，目的に応じた実験を組み立てる必要がある。

3.2.2　ゲームの認知科学研究

ゲームの認知科学研究の歴史を紐解くと，1960 年代に行われた**デ・グルート**（de Groot）の先駆的研究に遡る。彼は，チェスの熟達者を対象に記憶の実験や「次の一手」課題の実験を行い，多くの知見を得た。特に熟達者が非常に短い時間（約 5 秒程度）将棋盤面を見せるだけで，正確にそれらの位置を再現できることを示した。

これらの研究を継いだ**チェイス**とサイモン（W.G. Chase and H.A. Simon）

は，上述の卓越した記憶能力を**チャンク**（chunk）という概念を用いて説明しようと試みた。チャンクとは，意味ある情報のまとまりを表す用語で，**ミラー**（G.A. Miller）によって提唱されたものである。ミラーは，**マジカルナンバー7±2**（magical number seven, plus minus two）という記憶に関する論文が有名で，人間が一度に記憶できる容量はたかだか7±2個程度であることを実験で示した。彼は，この事実から記憶に関する**認知モデル**（cognitive model）を提唱し，認知科学という分野を築いた。チャンクの概念を示す例として，以下のようなひらがなの文字列の記憶の例が挙げられる。

a. おおきなもりにくまときつねがすんでいる

b. きつねがいるすんでくまともりにおおきな

c. きいねおつとおなもにくがりるんまきすで

どの文字列も構成されているひらがなの種類と数は同じであるが，c. や b. に比べて圧倒的に a. が記憶しやすいことがわかる。これは，a. は，「大きな森に熊と狐が住んでいる」という意味ある一まとまりの話として認識できるのに対して，c. にはまったく意味がなく，すべてのひらがなとその順序を覚えなくてはならないためである。b. は中間的で，一つ一つの文字列には意味はあるので単語としては認識できるが，文章として成り立たないために記憶を妨げている。このように，人間は知識を「まとまり」として記憶する。これをチャンクと呼んでいる。

ここで改めて，チェスの局面のような1ダース以上もある駒の配置をどのように記憶しているか考えてみると，複数の駒の典型的な配置を一まとまりとして記憶することによって，覚えなくてはならない要素の数を大幅に削減しているからと考えられる。熟達者は，チェスの駒の配置を知識としてまとめて記憶しているので，一瞬見ただけでその局面がどのような局面であるかをすぐに認識し，記憶できる。

1990年代には，**斉藤康己**らは，囲碁を題材にした認知科学的研究を精力的に行った。記憶や「次の一手」課題，ペア碁や実際の対局など，さまざまな状況における認知や思考過程を調べた。その結果，囲碁では，人間は，「候補手

が極端に少なく，分岐の少ない直線的な先読みを行っていること」，「囲碁用語を用いて思考を行っていること」，「チャンクが空間的な広がりだけでなく，時間的な広がりも見られること」など，多くの知見を残している。

1990 年代後半には，**伊藤毅志**らが将棋を題材とした研究を行っている。チェスの記憶の研究を受けて伊藤らは，初級者からプロ棋士までの幅広い強さのプレーヤを対象にして，チェスと同様の記憶の実験を行った。その結果，強いプレーヤほど意味ある局面をよく記憶できることを確認した。中盤ぐらいの駒が密集している局面でも，プロ棋士は 3 秒という短い記憶時間で正確に駒の配置を記憶し，平均 90 ％以上の正確さで局面を再生した。アマチュア有段者は，初手から 30 手くらいまでの局面ではプロ棋士に匹敵する記憶力を示したが，40 手以降の局面では再生率の低下が見られた（図 3.2 参照）。アマチュア有段者が序盤で記憶できるのは，序盤定跡を空間的配置として記憶して再現できるのに対して，中盤以降になると定跡知識が使えなくなるので再生率が低下する，と伊藤らは考えた。

それに対して，プロ棋士が中盤以降も再生率が低下しないのは，初見の局面でもおそらくこうなるであろうという局面の流れを理解することができるからではないか，と仮説を立てた。つまり，定跡を駒の空間的な配置のまとまりとして記憶するだけでなく，局面の流れもまとまりとして記憶しているのではないか，と考えた。伊藤らは，従来の空間的なまとまりを**空間的チャンク**（spatial chunk）とし，流れのようなものを**時間的チャンク**（temporal chunk）と区別して，超熟達者特有の能力ではないかと考えた。

また，伊藤らは，「次の一手」課題を基に，プレーヤの思考過程についても調べた。思考過程は発話プロトコル分析を用いて行われた。発話内容から読みの広さをその問題における候補手の数，読みの深さをその問題における最長先読み手数として発話データを分析したところ，図 3.3 のように，中級者（アマチュア初段程度）ほど多く候補手を挙げ，上級者ほど深く先読みをすることが明らかになった。また，思考時間を調べたところ**図 3.4** のような結果を得て，中級者ほど長く考えることがわかってきた。一つの問題において，どれだ

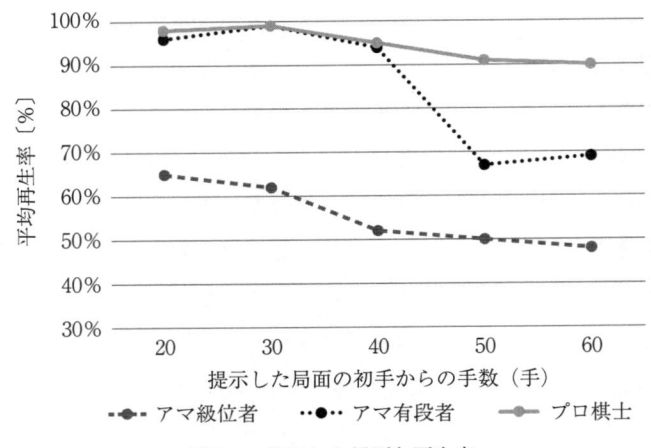

図 3.4 提示した局面と再生率

けの局面を読んでいるのかを調べたところ，**図 3.5** のような結果を得て，上級者ほど速く多くの量を読むことが示唆された。

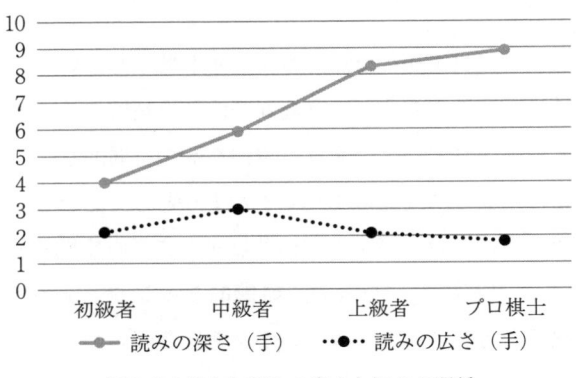

図 3.5 棋力と読みの広さと深さの関係

伊藤らはこれらの結果から，中級者になるといろいろな候補手が見えるようになり考える時間が長くなるが，上級者になると経験的知識によって手の絞り込みが可能となり直観が働くので，無駄な探索が減り，狭く深く読めるようになるのではないかと説明している（**図 3.6**，**図 3.7**）。

2000 年代後半には，理化学研究所が富士通と連携し，日本将棋連盟の協力

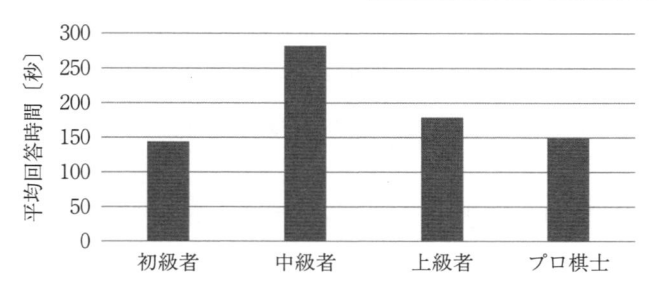

図3.6 棋力と思考時間の関係

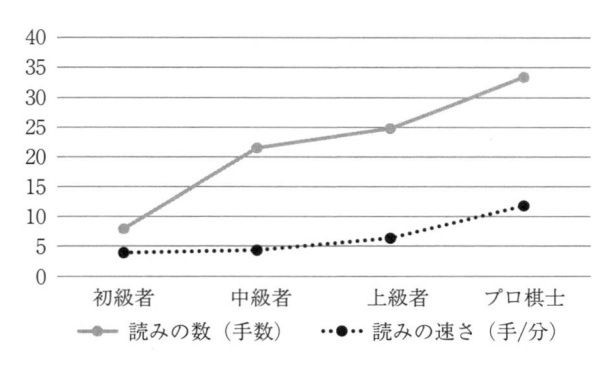

—●— 読みの数（手数）　···●··· 読みの速さ（手/分）

図3.7 棋力と読みの量と速さの関係

の下，将棋をプレーするプロ棋士の直観に関する脳活動の研究が行われた。2007年にプロジェクトが発足し，日本将棋連盟プロ棋士を含めたさまざまなレベルのプレーヤを対象にして，fMRIを用いて将棋熟達者の直観的思考時の脳活動の計測が行われ，2010年以降，**田中啓治**らの研究グループを中心としていくつかの研究成果の報告がなされている。

　2011年には，プロ棋士が直観的な将棋の問題の解決時の脳活動の研究成果を発表している。盤面を見て瞬時に認識するときに**大脳皮質頭頂葉**（parietal lobe of cerebral cortex）の**楔前部**（precuneus）が，最適な「次の一手」を直観的に導くときに**大脳基底核**（basal ganglia）の**尾状核**（caudate nucleus）が，有意に活性化することが報告された。また，2012年には，電気通信大学との共同研究によって，将棋素人を相手に「5五将棋」という狭い盤のゲーム

を 4 箇月間訓練したところ，大脳皮質には変化は見られなかったものの，大脳基底核の尾状核での神経活動が発現するようになったことを報告している。これによって，直観的思考は訓練によって養われる可能性があることが示唆された。

さらに，将棋の戦略決定を行う脳のメカニズムの研究を行い，攻めと守りの価値表現を行っている脳の活動部位の測定を行った。2015 年にその結果を報告しており，直観的な戦略の決定が大脳の**帯状皮質**（cingulate cortex）と呼ばれる領域を中心に行っていること，攻めと受けの決定にはその後部と前部が関連していることがわかってきた。

認知科学の研究では，実際のプレーヤの思考過程を発話データ，視線データ，脳の活動などを計測することで明らかにし，認知モデルを立ててそれらの現象を説明する，という形で進められている。認知モデルで得られた知見は，ゲーム AI のアルゴリズムに生かされ，改良が加えられ，そこで得られた知見がまた新たな認知モデルの構築のヒントになっている。このように，認知科学的研究と人工知能の研究は相互に連関しており，ゲーム情報学の分野において両輪の役割を果たしている。

3.2.3　人間の思考とコンピュータの思考

認知科学の研究が進むにつれ，ゲーム AI の思考と人間の思考の間にある乖離が指摘されている。2007 年に伊藤毅志は，人間の「次の一手」問題に用いた問題をそのまま当時のトップのコンピュータ将棋プログラムに与え，回答を比較する実験を行った。この比較から，コンピュータ将棋はすべての合法手を評価し，網羅的な探索によって十数手先まで読むことで「次の一手」を決定しているのに対して，人間の熟達者は限られた数手の候補手の中からせいぜい数手先程度の直線的な先読みを行い，「次の一手」を決定していることがわかってきた。また，プロ棋士は，その場だけで手を決定しているのではなく，事前の研究などである手を選ぶとどちらが優勢になるかというような知識をあらかじめ多くもっていて，それらの知識を組み合わせて手を決定していることも示

唆された。

　この思考の違いが，人間とコンピュータのプレーの違いとして現れる。コンピュータ将棋はミスが少ない反面，読みの範疇より先の「詰むや詰まざるや」の局面の判断や狙いをもった指し手の選択が行えない。人間は経験に基づき無駄な探索を大幅に削減することができる反面，先入観に囚われて有望な指し手を見落としてしまう可能性がある。

　これは，コンピュータ将棋がゲーム木の網羅的な探索を行っていることに起因しており，コンピュータ将棋の発展により，探索技術の向上や評価関数の機械学習による人間らしい局面評価能力の獲得によって，かなりコンピュータの欠点は目立たなくなってきている。その一方で人間は，思い込みやミスが際立つようになってきており，将棋においては，コンピュータの先入観のない手の選択や正確な読みの裏づけを手に入れようと，コンピュータから学ぶプレーヤがプロ棋士においても増えてきている。ゲーム AI の進化が人間のプレーに影響を与えている一例である。

　一方，コンピュータ囲碁は，多くの他のゲーム木探索の手法とは異なり，モンテカルロアプローチによって強くなってきた。モンテカルロ木探索の特徴としては，ランダム性を含んだプレーアウトを繰り返して勝率を計算することにより局面を評価している。コンピュータは，局面の優劣を数値化することにかけては人間よりもある意味で長けている。その反面，正確な手順を必要とする厳密な先読みが苦手で，意外に終盤の寄せが不正確であるという問題を抱えている。囲碁の分野では，最初から詰碁とわかっている限定的な局面における詰碁ではプロ棋士を凌駕する性能を見せていることから，多くのプレーヤは将棋同様，囲碁も終盤が強いのではないかと考えてしまいがちである。しかし，実践の碁では，コンピュータはうまく局面を部分に切り分けることができず，終盤の寄せでミスを犯す。逆に，漠然とした序中盤の判断のほうが人間よりも正確に行えるため，序中盤が強く終盤が弱いという将棋とは逆にいびつなプログラムが多かった。しかし，ディープラーニングの出現により，人間プレーヤから見て，この弱点がかなり克服されているように見える。これは，バリュー

ネットワークにより，より精緻な先読みが可能になったことに起因しているのかもしれない。近い将来，囲碁でも，あらゆる面で人間を凌駕する AI が出現することが予想され，知的なゲーム AI と人間との関係は，他の知的 AI と人間との関係を考える上で大きな一つのベンチマークになることが期待される。

3.2.4 自然なゲーム AI の研究

上述のように，人間プレーヤは，コンピュータ将棋や他のゲーム AI の類推から，コンピュータ囲碁に対しても同様のプレーヤモデルを立ててしまう傾向にある。人間がゲーム AI に抱いているイメージは，人間とゲーム AI とのプレーにおける人間の印象に大きな影響を与える。

われわれは，ゲーム AI と対戦するときに，不自然さや違和感を覚えて対戦を楽しめなくなることがある。これは，われわれ人間が AI に抱いているイメージやモデルと関連している。このような考えから，ゲームに人間らしさをもたせたり，適度にミスをさせたりすることで，自然な対戦を実現しようとする研究が行われている。ゲーム AI の不自然さを**人間らしさ**（humanity）の欠如と考え，人間らしいゲーム AI をつくろうとする研究である。

IEEE-CIG（IEEE Conference on Computational Intelligence and Games）では，2000 年代後半から人間らしさを競う AI-Bot の大会を開催しており，2012年には，The 2K BotPrize という，一人称視点のシューティングゲームであるFPS（first person shooter）を対象とした人間らしさを競う AI-Bot の大会において，**シュラム**（J. Schrum）らは史上初となる人間以上に人間らしいと評価される **NPS** を実現した。彼らは，人間のプレーヤの行動をプレーデータベースから調べ，人間らしいと考えられる行動を決定論的に定義してニューラルネットワークにおける制約として適用し，その結果，対戦相手の人間プレーヤから「人間らしい」と評価される NPC の行動を獲得している。

藤井叙人らは，ビデオゲームの AI エージェントに「人間らしさ」をもたらすために，**生物学的制約**（biological constraint）という概念を導入することを試みている。生物学的制約とは，人間が生得的にもっている制約や欲求のこと

で，ゲームをプレーするときにもその制約から逃れられない，という考えに基づいている。例えば，人間プレーヤは，操作対象や敵オブジェクトを正確に観測して同定することは困難で，「ゆらぎ」が生じる。また運動制御には，生物学的な反応速度に限界があり，「遅れ」が生じ，長時間のプレーでは「疲れ」も生じる。さらには，同じ行動を繰り返すことによる「訓練」の効果がある反面，飽きも生じるので，新たな行動への「挑戦」も見られる。このような生物学的制約を Infinite Mario Bors. というデジタルゲームの操作に加えることで，人間らしい行動の獲得を実現している。

　人間相手のプレーヤとしての適度な弱さを実現しようとした研究としては，**池田心**らのコンピュータ囲碁を対象とした研究が挙げられる。池田らは，手加減と思われない程度の適度な「強くなさ」を実現するための検討を行っている。現局面における予測勝率と候補手の選択確率を用いて形勢を制御したり，楽観派と悲観派といったプレースタイルによる獲得戦略の分析を行ったりしている。これらの研究を受けて**仲道隆史**らは，コンピュータ将棋を題材にして，探索において評価値の絶対値に−1を掛けることで，評価値0の値に近い手ほど高評価になるようにし，対戦相手に合わせて強さを動的に調整する手法を提案した。この簡単なアイデアの導入によってよい勝負が長続きし，プレーヤから見るとちょうど拮抗した対戦相手となりうることを示した。

　人間がゲーム AI に抱くイメージは刻々と変化しており，一意に定まるものではない。ゲーム AI に求められる技術は，少し前までは人間と対等な強さであったが，その目標が十二分に達成されようとしている現在は，対戦して楽しく，好敵手として違和感を与えない AI の実現という目標に変化してきている。

第Ⅰ部の参考図書

1章

1) ケイティ・サレン，エリック・ジマーマン：ルールズ・オブ・プレー　ゲームデザインの基礎（上）（下），ソフトバンククリエイティブ（2011）
   ゲームとはなにか，ゲームのデザインはなにかについ
   て深く知りたい人向けの専門書。
2) ロジェ・カイヨワ：遊びと人間，講談社（1990）
   なぜ人は遊ぶのか，カイヨワの遊びに関する価値観に
   ふれたければ，この本は読んでみてほしい。
3) 山岸俊男：社会的ジレンマ ―「環境破壊」から「いじめ」まで，PHP新書（2000）

   ゲームの理論を社会心理学的・認知科学的視点から読
   み解きたければ，以下の本を読んでほしい。
4) 佐伯 胖：「決め方」の論理 ―社会的決定理論への招待―，東京大学出版会（1980）

2章

   問題解決の認知科学的研究については，以下の本に詳
   しく書かれている。
1) 市川伸一 編著：認知心理学〈4〉思考，東京大学出版会（1996）
2) 大西 仁：問題解決の数理（放送大学教材），放送大学教育振興会（2017）
3) 安西祐一郎：問題解決の心理学 ―人間の時代への発想，中公新書（1985）

   ゲーム情報学の技術的解説については，以下の本が幅
   広く基本的技術についてふれている。
4) 岸本章宏 他：ゲーム計算メカニズム，コンピュータ数学シリーズ7，コロナ社（2010）

チェス指しロボット「トルコ人」の詳細について知り
たければ，以下の本に詳しく書かれている。

5) トム・スタンデージ：謎のチェス指し人形「ターク」，エヌティティ出版
(2011)

コンピュータチェスの歴史，カスパロフ対コンピュー
タについて，詳しいことを知りたければ，以下の本を
おすすめする。

6) D. リービ，M. ニューボーン：コンピュータチェス —世界チャンピオンへの
挑戦，サイエンス社（1994）
7) ミハイル・コダルコフスキー：人間対機械 —チェス世界チャンピオンとスー
パーコンピューターの戦いの記録，毎日コミュニケーションズ（1998）

コンピュータ将棋に関連する図書としては，以下のも
のがある。

8) 松原　仁 他：コンピュータ将棋の進歩 1〜6，共立出版（1996〜2012）
いわゆる技術書。
9) 瀧澤武信 他：人間に勝つコンピュータ将棋の作り方，技術評論社（2012）
コンピュータ将棋の歴史から技術まで広く書かれてい
る。
10) 小谷善行：臨時別冊数理科学「コンピュータ将棋の頭脳」人間に追いつく日
はいつ？，サイエンス社（2007 年 11 月号）

コンピュータ囲碁に関連する図書としては，以下のも
のが挙げられる。

11) 美添一樹，山下　宏（松原　仁 編）：コンピュータ囲碁 —モンテカルロ法の
理論と実践—，共立出版（2012）
12) 清　慎一，佐々木宣介：コンピュータ囲碁の入門，共立出版（2005）

アルファ碁に関する本としては，以下のものが挙げら
れる。

13) 大槻知史（三宅陽一郎 監修）：最強囲碁 AI アルファ碁 解体新書 深層学習，
モンテカルロ木探索，強化学習から見たその仕組み，翔泳社（2017）
14) 王　銘エン：囲碁 AI 新時代，マイナビ出版（2017）

15)　斉藤康己：アルファ碁はなぜ人間に勝てたのか，ベストセラーズ（2016）

16)　ホン・ミンピョ，金　振鎬：人工知能は碁盤の夢を見るか？アルファ碁 VS
　　李世ドル，東京創元社（2016）

3章
　　人工知能についてのわかりやすい本としては，以下の
　　本がある。
1)　大村　平：人工知能（AI）のはなし（改訂版），日科技連出版社（2017）

　　機械学習の理論と実践に関する本としては，以下の本
　　がおすすめである。
2)　Sebastian Raschka（株式会社クイープ・福島真太朗 共訳）：Python 機械学習
　　プログラミング―達人データサイエンティストによる理論と実践，インプレ
　　ス（2016）

　　具体的に機械学習プログラミングの基礎を学ぶ本とし
　　ては，以下の本がある。
3)　堅田洋資，菊田遥平，谷田和章，森本哲也：フリーライブラリで学ぶ機械学
　　習入門，秀和システム（2017）

　　認知科学の方法論については，以下の本がある。
4)　佐伯　胖：認知科学の方法（新装版），東京大学出版会（2007）
5)　海保博之，原田悦子：プロトコル分析入門，新曜社（1993）

　　熟達化すると，言葉には語られない知が形成される。
　　これを「暗黙知」という概念で説明した，熟達化の深
　　遠な認知構造について考察した本として，以下の本が
　　ある。より深い認知に興味のある人向け。
6)　マイケル・ポランニー（Michael Polanyi），（高橋勇夫 訳）：暗黙知の次元，
　　筑摩書房（2003）

　　将棋と脳に関する本としては，理化学研究所の研究を
　　まとめた以下の本がある。
7)　「脳の世紀」推進会議：脳を知る・創る・守る・育む　12 将棋と脳科学，ク

バプロ（1999）

教科書ではふれていないが，楽しさについて提唱者チ
クセントミハイのフローの概念について書かれた本は，
ゲームの楽しさについて研究する人には必読だろう。

8)　M. チクセントミハイ（Mihaly Csikszentmihalyi）（今村浩明 訳）：フロー体
　　験 喜びの現象学，世界思想社（1996）

9)　M. チクセントミハイ（Mihaly Csikszentmihalyi）（大森　弘 訳）：フロー体験
　　入門 ―楽しみと創造の心理学，世界思想社（2010）

第 I 部の引用・参考文献

1 章

1)　ヴィトゲンシュタイン（藤本隆志 訳）：ヴィトゲンシュタイン全集　8 哲学
　　探求，大修館書店（1976）

2)　ロジェ・カイヨワ（多田道太郎・塚崎幹夫 共訳）：遊びと人間，講談社学術
　　文庫（1990）

3)　Gardner, M.：Mathematical Games ? The fantastic combinations of John Con-
　　way's new solitaire game "life"，Scientific American，**223**，pp. 120-123（1970）

2 章

1)　Newell, A., Shaw, J.C. and Simon, H.A.：Report on a general problem-solving
　　program，Proceedings of the International Conference on Information Process-
　　ing，pp. 256-264（1959）

2)　Ernst, G.W. and Newell, A.：GPS：a case study in generality and problem solv-
　　ing，Academic Press（1969）

3)　C.E. Shannon：Programming a Computer for Playing Chess，Philosophical
　　Magazine，Ser.7，**41**，314（1950）

4)　Newell, A., Show, J.C. and Simon, H.A.：Chess Playing Programs and the Prob-
　　lem Complexity，IBM Journal of Research and Development，**2**，pp. 320-335
　　（1958）

5)　Tsuruoka, T., Yokoyama, D. and Chikayama, T.：Game-tree search algorithm based on realization probability，ICGA Journal，pp. 146-153 (2002)

6)　Hoki, K. and Kaneko, T.：Large-Scale Optimization for Evaluation Functions with Minimax Search，Journal of Artificial Intelligence Research，**49**，pp. 527-568 (2014)

7)　伊藤毅志，小幡拓弥，杉山卓弥，保木邦仁：将棋における合議アルゴリズム —多数決による手の選択，情報処理学会論文誌，**52**，11，pp. 3030-3037 (2011)

8)　杉山卓弥，小幡拓弥，斎藤博昭，保木邦仁，伊藤毅志：将棋における合議アルゴリズム —局面評価値に基づいた指し手の選択，情報処理学会論文誌，**51**，11，pp. 2048-2054 (2010)

9)　Hoki, K., Kaneko, T., Yokoyama, D., Obata, T., Yamashita, H., Tsuruoka, Y. and Ito, T.：Distributed-Shogi-System Akara 2010 and its Demonstration，The International Association for Computer and Information Science (ACIS)，International Journal of Computer & Information Science，**14**，2，pp. 55-63 (2013)

10)　Remus, H.：Simulation of a learning machine for playing Go，Proc. IFIP Congress，pp. 428-432，North-Holland (1962)

11)　Zobrist, A.L.：A model of visual organization for the game of Go，Proc. Spring Joint Computer Conference，**34**，pp. 103-112 (1969)

12)　Reitman, W. and Wilcox, B.：Modelling Tactical Analysis and Problem Solving in Go，Proc. of the Tenth Annual Pittsburgh Conference on Modelling and Simulation，pp. 2133-2148 (1979)

13)　Gelly, S., Wang, S., Munos, R. and Teytaud, O.：Modification of UCT with Patterns in Monte-Carlo Go. Technical report，INRIA (2006)

14)　Gelly, S. and Silver, D.：Combining Online and Offline Knowledge in UCT. Machine Learning，Proceedings of the Twenty-Fourth International Conference (ICML 2007)，Corvallis，pp. 273-280 (2007)

15)　Coulom, R.：Efficient Selectivity and Backup Operators in Monte-Carlo Tree Search. Computers and Games, 5th International Conference，CG 2006，pp. 72-83 (2007)

16)　Silver, D., Schrittwieser, J., Simonyan, K., Antonoglou, I., Huang, A., Guez, A., Hubert, T., Baker, L., Lai, M., Bolton, A., Chen, Y., Lillicrap, T., Hui, F., Sifre, L., van den Driessche, G., Graepel, T. and Hassabis, D.：Mastering the game of Go with deep neural networks and tree search，Nature，**529**，pp. 484-489 (2016)

17)　Silver, D., Schrittwieser, J., Simonyan, K., Antonoglou, I., Huang, A., Guez, A.,

Hubert, T., Baker, L., Lai, M., Bolton, A., Chen, Y., Lillicrap, T., Hui, F., Sifre, L., van den Driessche, G., Graepel, T. and Hassabis, D. : Mastering the game of Go without human knowledge, Nature, **550**, pp. 354-359 (2017)

18) Schaeffer, J., Lake, L., Lu, P. and Bryant, M. : CHINOOK the world man-machine checkers champion, AI Magazine, **17**, pp. 21-29 (1996)

19) Schaeffer, J., Burch, N., Bjornsson, Y., Kishimoto, A., Muller, M., Lake, R., Lu, P. and Sutphen, S. : Checkers is solved, science, **317**, 5844, pp. 1518-1522 (2007)

20) Buro, M. : Experiments with Multi-ProbCut and a New High-Quality Evaluation Function for Othello, Games in AI Research (2000)

21) Buro, M. : The Othello Match of the Year : Takeshi Murakami vs. Logistello, ICCA Journal, **20**, 3, pp. 189-193 (1997)

22) Tesauro, G. : Temporal Difference Learning and TD-Gammon, Communications of the ACM, **38**, pp. 58-68 (1995)

3章

1) De Groot, A.D. : Perception and memory in Chess-studies in the heuristics of the professional eye, Van Goreum (1996)

2) Chase, W.G. and Simon, H.A. : Perception in chess, Cognitive Psychology, **4**, pp. 55-81 (1973)

3) Simon, H.A. and Gilmartin, K.J. : A simulation of memory for chess positions, Cognitive Psychology, **5**, pp. 29-46 (1973)

4) Saito, Y. and Yoshikawa, A. : The difference of knowledge for solving Tsume-Go problem according to the skill, Game Programming Workshop '97, pp. 87-95 (1997)

5) 伊藤毅志, 松原　仁, ライエル・グリンベルゲン：将棋の認知科学的研究 （1）―記憶実験からの考察, 情報処理学会論文誌, **43**, 10, pp. 2998-3011 （2002）

6) 伊藤毅志, 松原　仁, ライエル・グリンベルゲン：将棋の認知科学的研究 （2）―次の一手実験からの考察, 情報処理学会論文誌, **45**, 5, pp. 1481-1492 （2004）

7) 伊藤毅志：コンピュータの思考とプロ棋士の思考 ―コンピュータ将棋の現状 と展望―, 情報処理学会論文誌, **48**, 12, pp. 4033-4040 （2007）

8) 高橋克吉, 猪爪　歩, 伊藤毅志, 村松正和, 松原　仁：次の一手課題に基づ

く囲碁と将棋の特徴比較，ゲームプログラミングワークショップ 2012，pp. 1-8（2012）

9) Wan, X., Nakatani, H., Ueno, K., Asamizuya, T., Cheng, K. and Tanaka, K.：The neural basis of intuitive best next-move generation in board game experts（2011）

10) Wan, X., Asamizuya, T., Suzuki, C., Ueno, K., Cheng, K., Ito, T. and Tanaka, K.：Developing Intuition：Neural Correlates of Cognitive-Skill Learning in Caudate Nucleus，The Journal of Neuroscience（2012）

11) Ito T. and Takano, T.：Changes in cognitive processes and brain activity while becoming proficient at Minishogi，ICGA Journal，**38**，4，pp. 209-223（2015）

12) Schrum, J., Karpov, IV. and Miikkulainen, R.：UT^2：Human-like behavior via neuroevolution of combat behavior and replay of human traces：EEE Conference on Computational Intelligence and Games（CIG'11），pp. 329-336（2011）

13) 藤井叙人，佐藤祐一，中嶌洋輔，若間弘典，風井浩志，片寄晴弘：生物学的制約の導入による「人間らしい」振る舞いを伴うゲーム AI の自律的獲得，ゲームプログラミングワークショップ 2013 論文集，pp. 73-80（2013）

14) 池田　心，Viennot Simon：モンテカルロ碁における多様な戦略の演出と形勢の制御〜接待碁 AI に向けて，ゲームプログラミングワークショップ 2012 論文集，pp. 47-54（2012）

第Ⅱ部　ゲーム情報学のアルゴリズム

〈プロローグ〉

　第Ⅱ部では，いくつかのゲームを具体例にとり，ゲームをプレーする人工知能のアルゴリズムを学ぶ。4章ではプレーヤ数が1のパズルを題材とし，正解を効率よく求めるアルゴリズムを紹介する。5章ではゲーム理論の基礎を紹介し，複数のプレーヤが競うゲームでの合理的な意思決定について学ぶ。6章では三目並べやオセロのような二人確定ゲームを題材として，最適戦略やその近似戦略を求める手法を解説する。7章では不確定な要素をもつ1人で遊ぶゲームを扱い，マルコフ決定過程と強化学習法の初歩を学ぶ。

　読者には大学2年生程度の教養知識を要求する。プログラミングに関する初歩知識も，疑似コードを読む際に助けとなるであろう。

4章　最短経路の探索とコスト関数：15パズル

　本章は，15パズルを例にとり，**最良優先探索**（best-first search）を行うA*アルゴリズムを用いて，**最短経路問題**（shortest path problem）を解く。

　最短経路問題は，スタート地点からゴール地点まで，最小**コスト**（cost）で到達する経路を求める最適化問題である。鉄道の路線案内やロボットの動作制御なども，しばしば最短経路問題として扱われる。15パズルやルービックキューブなどのように，正解にたどり着くための手順を問うようなパ

ズルも最短経路問題として解くことができる。これらの場合，スタート地点
はパズルの初期配置，ゴール地点がパズルの正解の配置，経路が手順，コス
トは手数などのパズルを解くための行動の手間に対応する。

4.1　15　パ　ズ　ル

15パズルは，ボード上に配置された数字の書かれたタイルをスライドさせ，
目的の配置をつくるパズルゲームである（**図4.1**）。各タイルの大きさ1×1に
対しボードの大きさが4×4であり，ボード上のタイル15枚おのおのが1から
15の数字を表示する。全タイルの並びを**配置**と呼ぶ。空白箇所を利用して上
下左右にタイル一つを移動させることを，**スライド**と呼ぶ。パズルを解くと
は，スライドを繰り返して，初期配置（スタート）から目的配置（ゴール）を
つくる手順（経路）を発見することとする。15パズルほど普及はしていない
が，3×3のボードにタイル8枚が配置されたパズルも存在し，これは**8パズ
ル**と呼ばれる。

（a）初 期 配 置　　　（b）目 的 配 置

図4.1　15パズルの初期配置と目的配置の例

パズルに興味ある読者は，15パズルを人の手で解く方法も考えることをお
すすめする。最初の数列をそろえるところまでは比較的容易であるが，最後の
2列を完成させるのが案外難しい。計算機で解く場合にも，スライドをむやみ
やたらと沢山繰り返すような方法では，目的の配置を得ることは困難である。

このような方法は，$16! \approx 10^{13}$ 通りもあるタイルの配置から[†]，たった一つの目的配置を探し当てることを期待するようなものである。

4.2 15 パズルのグラフ探索

原始的な経路探索アルゴリズムを考えよう（**図 4.2**）。このアルゴリズムは効率がよいとはいい難いが，探索アルゴリズムとしての基本的性質は備わっていて，これを少し修正すると他の応用上重要なダイクストラ法や A* などのアルゴリズムとなる。本節では，15 パズルを題材として，この原始的な探索の基本動作について学ぶ。

```
01  function GraphSearch( ) return 経路 or 失敗
02    frontier ← {スタート節点}
03    explored ← 空集合
04    loop do
05      if frontier が空 then return 失敗
06      n ← frontier に属するある節点
07      if n がゴール節点集合に属する then return 経路
08      n を frontier から削除して explored に追加
09      for each n_c in n の子節点集合 do
10        if n_c が explored に属する then continue
11        if n_c が frontier に属する then continue
12        n_c を frontier に追加
13        n_c.parent ← n
14        n_c.g        ← n.g + C(n, n_c)
```

図 4.2 原始的な経路探索アルゴリズム

図 4.2 のアルゴリズムは，15 パズルの **節点**（node）情報を保持する。節点 n は，タイルの配置，手順，コストに関する 3 種類の情報に関連づけられる。

$n.state$：　　　タイルの配置の表現

$n.parent$：　　節点 n から手順を 1 スライド分遡った親節点

[†] 詳細は他書に譲るが，このタイル配置の総数を半分に見積もることが可能である。二つのタイルの互換を複数回繰り返す置換の偶奇性と，空白の位置が元に戻るスライド回数が偶数であるということから，16!/2 個の目的配置に到達不可能な配置が見出されるためである。

$n.g$:   スタート節点から節点 n までの経路のコスト

各節点はタイルの各配置と 1 対 1 に対応する．したがって，15 パズルの場合には節点の総数は 16! 個である．スタート節点はスタート地点に対応する特別な節点であり，タイルの配置 $n.state$ は初期配置，経路のコスト $n.g$ は 0 に初期化する．一方，ゴール地点に対応する節点は**ゴール節点**と呼び，タイルの配置は目的配置である．一般にはゴール節点の数は一つとはかぎらないが，15 パズルでは目的配置が一つなので，ゴール節点の数も一つである．

図 4.2 の子節点 n_c は，親節点 n から直接経路がつながっている節点であり，$n_c.state$ は $n.state$ からタイルを 1 回スライドさせた配置である．また，$C(n, n_c)$ は n から n_c への移動に要する正のコストである．15 パズルのコストはスライドの回数とするのが妥当であろう．スライド回数をコストとする場合，$C(n, n_c)$ の値は定数 1 となる．

節点 n がタイルの配置 $n.state$ を保持するので，節点からタイルの配置が得られ，これにより n はゴール節点か否か判定される．さらに，タイルの配置からこれを保持する節点を得ることも可能とする[†1]．これにより，節点 n から $n.state$ を 1 回スライドさせた配置をつくって，この配置から子節点 n_c の情報が得られる．

ここで，最短経路問題を**図 4.3** のような**有限グラフ**（finite graph）として扱うために用語の整理をしよう．有限グラフとは有限個の節点と枝により構成されたデータ構造である[†2]．枝は直接つながる経路が 2 節点間にあることを示している．一般には，経路が一方通行の可能性もあり，枝には向きがある．15 パズルの場合には，どのようなスライドも 1 ステップで元に戻せるため，枝の

[†1] ゲームの配置から節点を決定する方法として，配置をキー，節点のインデックスを値としたハッシュ表がよく用いられる．15 パズルのタイルの配置に対応するキーはハッシュ関数により求められる．このハッシュ関数は，タイルの配置を 64 ビット値で表現するような簡易な実装で十分実用に耐えうる．タイルの数字の総和を求めるようなハッシュ関数は論外である（どのようなタイルの配置も総和は 120 になるため）．

[†2] 節点は**頂点**（vertex），枝は**辺**（edge, arc）とも呼ばれる．節点と枝はグラフの構造を植物に，頂点と辺はそれを図形に見立てたような用語であるためか，節点と辺のような組合せでグラフを説明するようなことはあまりない．

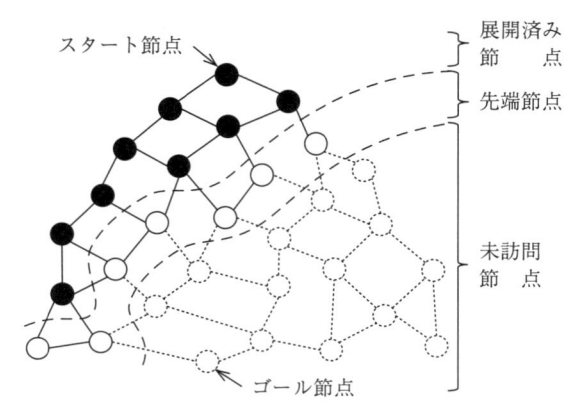

図 4.3 スタート節点からゴール節点を探索する様子
（円は節点，2節点を結ぶ直線は枝を表す）

向きは考えない。

子節点：	ある節点から枝一つで移動可能な節点。
親節点：	ある節点を子節点にもつ節点。
コスト $C(n, n_c)$：	節点 n とその子節点 n_c 間の移動に要するコスト（正の数）。
経路（path）：	枝で直接つながれた一続きの節点列 $n_1 \ldots n_I$。ただし，$I > 0$ は整数。始点 n_1 から終点 n_I への経路とも書く。
経路が経由する節点：	$1 < i < I$ を満たす節点 n_i。
経路上の節点：	$1 \leqq i \leqq I$ を満たす節点 n_i。
経路のコスト：	節点 n_1 から n_I までをつなぐ $I-1$ 個のコスト C の総和。
最短経路：	節点 n_1 と n_I をつなぐどのような経路よりもコストが大きくない経路。
最小コスト：	最短経路のコスト。
節点 n の経路：	スタート節点から節点 n までの経路。
節点 n のコスト：	スタート節点から節点 n までの経路のコスト。

節点 n の子節点すべての列挙を節点 n の**展開**と呼ぶ。このとき，初めて訪

問された節点の情報は新規に生成される。展開済み節点はゴール節点でないことが確認済みである。展開済み節点は図 4.2 の変数 *explored* で保持・管理されている。訪問はされたが展開が済んでいない節点を**先端節点**と呼ぶ。先端節点はすべての子節点が訪問済みかもしれないが，そうなのかそうでないのかは展開されていないため不明である。また，先端節点はゴール節点でないことの確認も済んでいない。先端節点は変数 *frontier* で保持・管理されている。

　図 4.2 の原始的探索アルゴリズムがもついくつかの性質を考えよう。9 行目から 12 行目の処理により，展開済み節点の子節点は展開済み節点か先端節点になる。そのため，展開済み節点から未訪問の節点をつなぐどのような経路も先端節点を経由する。したがって，4 行目ループ各処理の開始時点でつぎの性質が満たされる。

性質 4.1　　先端節点によって展開済み節点集合と未訪問の節点集合が分離される（図 4.2 参照）。もし先端節点がなければ，スタート節点から到達可能な未訪問節点もない。

展開済み節点の数は，これまで繰り返したループ回数と等しい。8 行目において，ループ 1 回に対して節点一つが *explored* に追加されるためである。そして，先端節点がなくなるか（5 行目），ゴール節点が見出されると（7 行目），アルゴリズムは終了する。これら以外の状況でアルゴリズムを終了させる仕組みはない。したがって，つぎの性質が満たされる。

性質 4.2　　スタート節点から到達可能な節点が有限個であれば，アルゴリズムのループも有限回で停止し，さらに到達可能なゴール節点がある場合にはこれを発見する。

9 行目のループ回数は節点 n の子節点の数と等しい。また，4 行目のループ回数は，最悪の場合，到達可能な節点数である。したがって，つぎの性質が成り立つ。

性質 4.3   二つのループの内側である 10 行目が実行される回数は，最悪の場合，グラフの枝の総数（枝に向きがなければ総数の 2 倍）程度となる。

15 パズルの場合，スライドの方向は最大で上下左右の四つである。したがって，9 行目のループは各節点 n に対して最大 4 回繰り返される。

先端節点の親節点には展開済み節点が代入され（13 行目），その展開済み節点が親節点に設定されたまま展開済み節点となる（8 行目）。ただし，スタート節点だけは特別な節点であり，これには親節点がない。$n.parent$ は年輪のように徐々に広がってきた過去の展開済み領域の外側から内側を指し示すことから，つぎの性質が満たされる。

性質 4.4   未訪問でない節点 n の $n.parent$ をたどるとスタート節点に到達し，さらに $n.g$ はこの経路のコストを表す。

最短ではなくとも，とにかくスタートとゴールをつなぐ経路を解とするならば，図 4.2 のアルゴリズムはグラフの枝の数が有限なので性質 4.2 より**完全**（complete）である。本項では，完全とは，解があればそれを出力し，なければないと出力するアルゴリズムの性質とする。

図 4.2 の原始的な探索アルゴリズムは，4.1 節で議論したタイルをむやみやたらと沢山スライドさせるような方法と似ている。訪問した節点すべてを記憶するという点では効率化が図られているものの，展開済みの領域を広げていく方針が無策である。このように，対象とするゲームのルール以外の経験的知識を用いない探索法は，**知識なし探索**（blind search）と呼ばれている。

4.3 A*アルゴリズム

現実世界の問題では，探索をせずとも，ゴールまでのコストはしばしば推定可能である。鉄道の路線案内で移動距離をコストとした場合には，スタートと

ゴールの直線距離がコストの簡易な推定となりえる。本節では，節点 n から
ゴール節点までの最小コストの推定値を h コストと呼び，式中では $h(n)$ と書
く。ゴール節点が複数ある場合でも，h コストは一つの推定値にしか対応しな
い。もし，それぞれのゴールに対応するそれぞれの推定値がある場合には，そ
れらの中で最も小さい値を h コストの値として採用する方法が考えられる。
A* （A-star，**エースター**）**アルゴリズム**は，このような推定値を利用する知識
あり探索の一種であり，ゴールに近そうな節点を優先的に展開して探索の効率
化を図る。

　ここで，節点 n からゴール節点までの最小コストを見積もる h コストが満
たすべき条件を示す。

> **定義 4.1**　　節点 n とその子節点 n_c のどのような組 (n, n_c) に対しても条
> 件 $h(n) \leqq C(n, n_c) + h(n_c)$ が満たされるならば，h コストは**無矛盾**（con-
> sistent）である。

前述の鉄道路線案内の例で示した簡易なコストの推定は無矛盾である。15パ
ズルでも，次節で説明するように，いくつかの有効な h コストが知られてい
る。

　h コストにつづいて，**g コスト**と**f コスト**を導入する（**図 4.4**）。g コストと
は，節点 n の経路のコストである。図 4.2 の $n.g$ は，$n.parent$ をたどって得ら
れる経路の g コストを与える。また，f コストとは，節点 n の経路を移動して
からゴール節点に到達するコストの推定とする。ここで，g コストだけでなく
f コストも節点 n の経路に依存することに注意する。

　図 4.5 に A* アルゴリズムを示す。図 4.2 との大きな違いは，f コスト最小
の先端節点を展開することにある（図 4.5 の 6 行目）[†]。図 4.2 のアルゴリズ
ムと同様に，節点 n の $n.g$ は $n.parent$ をスタート節点までたどって得られる

[†] 　f コスト最小の節点を効率よく探すため，先端節点を保持する変数 *frontier* はヒー
　　プにより実装されることが多い。ヒープは木構造を用いたデータ構造であり，多数
　　のデータをつねにソートされた状態に保ちながら管理する。

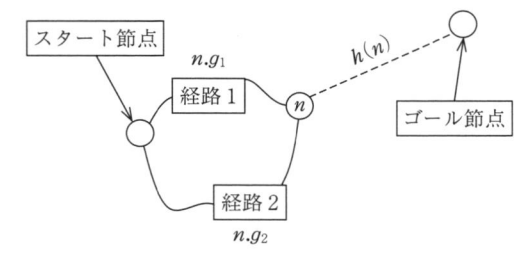

g コストは経路に依存し，経路1のコストが $n.g_1$，
経路2のコストが $n.g_2$ である。h コストは節点 n か
らゴール節点までのコストの推定であり，これは経
路に依存しない。f コストは g コストと h コストの
和となり，経路に依存する

図 4.4　節点 n の経路と g コスト

```
01 function A-Star( ) return 経路 or 失敗
02   frontier ← {スタート節点}
03   explored ← 空集合
04   loop do
05     if frontier が空 then return 失敗
06     n ← frontier に属する f コスト最小の節点
07     if n がゴール節点集合に属する then return 経路
08     n を frontier から削除して explored に追加
09     for each nc in n の子節点集合 do
10       if nc が explored に属する then continue
11       if nc が frontier に属し nc.g ≦ n.g + C(n, nc) then continue
12       nc が frontier に属していなければこれに追加
13       nc.parent ← n
14       nc.g      ← n.g + C(n, nc)
```

図 4.5　A* 探索アルゴリズム

経路の g コストを与え，f コストは $n.f = n.g + h(n)$ により求める。以降，h コ
ストは無矛盾とする。

性質 4.5　　A* アルゴリズムは**最適性**（optimality）を満たす。

本章では，最適性は，ゴール節点の経路が発見されたならばこれが最短経路で
あるというアルゴリズムの性質とする。以降，A* アルゴリズムが性質 4.5 を

保持する仕組みを考える。

h コストは無矛盾としているため，f コストはつぎの性質を満たす。

性質 4.6   未訪問でなくスタート節点でもない節点 n_I と，$n_I.parent$ を
スタート節点 n_1 までたどって得られた経路 $n_1...n_I$ を考える。この経路上
の節点 n_i の f コストを $f(n_i)$ として，数列 $f(n_1),...,f(n_I)$ は広義単調増加で
ある。

この性質は，この経路上の g コストを $g(n_i)$ として，$1 \leqq i < I$ ならば $g(n_{i+1})$
$= g(n_i) + C(n_i, n_{i+1})$ と $h(n_i) \leqq C(n_i, n_{i+1}) + h(n_{i+1})$ から $f(n_i) = g(n_i) + h(n_i) \leqq$
$g(n_{i+1}) + h(n_{i+1}) = f(n_{i+1})$ が成り立つことにより示される。性質 4.6 より，A*
探索の経路上の f コストは広義単調増加する。

つづいて，図 4.5 の 6 行目で見出される，f コストが最小の先端節点がもつ
性質を考える。展開済みでない節点は経由できないという制約下での最小コス
トを，展開済制約下での最小コストと書くことにしよう。図 4.5 の 4 行目の
ループ各処理の開始時点でつぎの性質が満たされる。

性質 4.7   どの先端節点 n も，$n.g$ が展開済制約下での最小コストを与
えると仮定する。この仮定の下で，節点 n_1 が f コスト最小の先端節点な
らば，$n_1.g$ が節点 n_1 の最小コストを与える。

性質 4.7 が成り立つことを，**図 4.6** を用いて理解しよう。もし $n_1.g$ が先端節
点 n_1 の最小コストでなければ，$n_1.g$ よりも小さいコスト $n_1.g'$ に対応する最短
経路があって，$n_1f = n_1.g + h(n_1) > n_1.g' + h(n_1)$ である。ここで，仮定より n_1
の最短経路は展開済みでない節点を経由することに注意する。節点 n_2 をこの
最短経路上の最初の先端節点とすれば，n_1 と n_2 は異なる節点であり，$n_2.g$ は
n_2 の最小コストを与える。さらに，n_2 を経由する n_1 の最短経路上の f コスト
が広義単調増加なため，$n_2.g + h(n_2) \leqq n_1.g' + h(n_1)$ である。二つの不等式をま
とめると $n_1f > n_2f$ となり，これは n_1 が f コスト最小の先端節点であるとい
うことと矛盾する。したがって，$n_1.g$ は節点 n_1 の最小コストを与える。

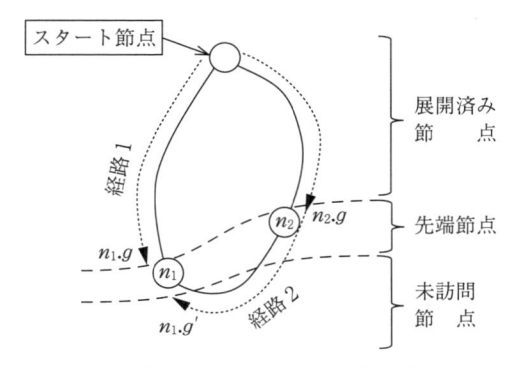

図4.6 節点 n_1 に到達する二つの経路と二つの
コスト $n_1.g,\ n_1.g'$

さらに，図4.5の4行目のループ各処理の開始時点でつぎの性質が満たされる。

性質4.8　　節点 n が展開済みならば，$n.g$ は最小コストを与える。節点 n が先端節点ならば，$n.g$ は展開済制約下での最小コストを与える。

性質4.8が成り立つことを，帰納法を用いて理解しよう。まず，図4.5の4行目のループ回数を k と書き，$k=1$ の場合を考える。この場合，先端節点はスタート節点 n のみであり，$n.g$ は最小コスト0を与えるよう初期化されている。さらに，展開済み節点は存在しない。これらのことから，性質4.8は満たされる。

つぎに，$k=i\ (i>0)$ で性質4.8が満たされると仮定して，$k=i+1$ において節点 n が展開済みならば，$n.g$ は最小コストを与えることを確認する。$k=i$ では展開済み節点 n_e の $n_e.g$ は最小コストを与える。また，8行目で新たに展開済みとなる節点 n_1 は f コスト最小の先端節点であり，性質4.7より $n_1.g$ も最小コストを与える。したがって，$k=i+1$ においても節点 n が展開済みならば，$n.g$ は最小コストを与える。

最後に，$k=i\ (i>0)$ で性質4.8が満たされると仮定して，$k=i+1$ において節点 n が先端節点ならば，$n.g$ は展開済制約下での最小コストを与えること

を確認する（**図4.7**）。「先端節点」かつ「fコスト最小の先端節点 n_1 の子節点」a の $a.g$ は，よりコストが小さくなる場合にかぎり，新たに展開済みとなる節点 n_1 を経由したコストに14行目で更新され，$a.g$ も展開済制約下の最小コストを与えるように保たれる。未訪問節点かつ n_1 の子節点 b は，展開済制約下の経路は n_1 を経由するもの以外になく，14行目で $b.g$ に展開済制約下の最小コストが与えられる。先端節点で n_1 の子節点ではない節点 c は，$c.parent$ が n_1 にはなり得ず $c.parent.g$ が最小コストを与えるため，$c.g$ は展開済制約下の最小コストを保持する。したがって，$k = i + 1$ において節点 n が先端節点ならば，$n.g$ は展開済制約下での最小コストを与える。

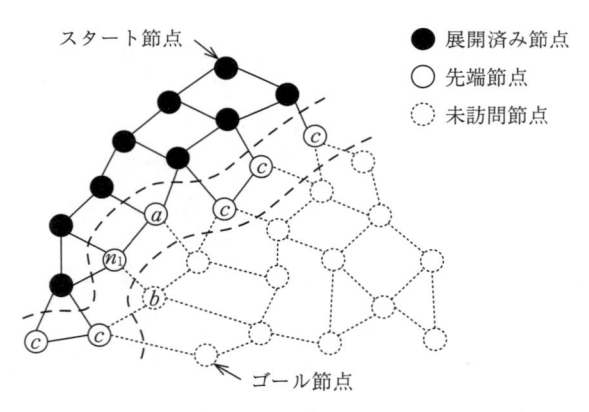

スタート節点

● 展開済み節点
○ 先端節点
⚬ 未訪問節点

ゴール節点

節点 n_1 は f コスト最小の先端節点とする。つぎの探索ステップ（$k = 11$）では先端節点 n_1 は展開済み節点になる。また，節点 b は先端節点になる。つぎのステップにおける先端節点は，いまのステップ（$k = 10$）における先端節点で n_1 の子節点 a，未訪問節点で n_1 の子節点 b，その他の先端節点 c である

図4.7 ある探索中（$k = 10$）のグラフ

ここまでで，性質4.8が満たされることが確認された。すなわち，fコスト最小の先端節点 n は $n.g$ が最小コストを与え，A*アルゴリズムは最適である。

展開済み節点 n の $n.g$ は最小コストを与え，この値はアルゴリズムが終了するまで変わらない。一方，先端節点 n の $n.g$ は，展開済制約下での最小コストを与えはするが，最小コストを与えるとはかぎらない。ここで，先端節点 n

の $n.g$ は，展開済み節点が新たに追加される都度，より小さい値に更新され得る。これに伴い，先端節点 n の $n.f$ もより小さい値に更新されるが，つぎの性質により，これはどの展開済み節点の f コストよりも小さくならないことがわかる。

性質 4.9　　f コストが最小の先端節点を n_1，節点 n の最小コストを $g^*(n)$ と書く。節点 n が先端節点か到達可能な未訪問節点ならば，$n_1.f \leq g^*(n) + h(n)$ を満たす。

性質 4.9 が成り立つことは，つぎのようにして理解できる。この節点 n の最短経路上の最初の先端節点を n_2 とすると，n_2 では最小コストと展開済制約下の最小コストが等しい。したがって，$n_1.f \leq n_2.f = g^*(n_2) + h(n_2)$。性質 4.6 と

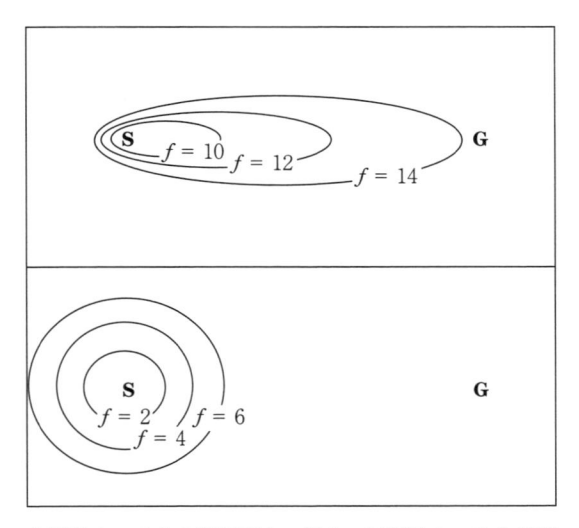

上図は h コストの精度がよい場合，下図は h コストが定数 0 の場合に対応。曲線は f コストの等位曲線，S はスタート地点，G はゴール地点を表す。上図の場合には，展開済み領域はゴール方向へ選択的に拡大していくのに対し，下図の場合には等方的に拡大していく

図 4.8　A* 探索が展開済みの領域を拡大していく様子を概念的に示す図

同様に $g^*(n_2) + h(n_2) \leqq g^*(n) + h(n)$ も成り立つので，$n_1 f \leqq g^*(n) + h(n)$ が満たされる。よって性質 4.9 が確認された。

　性質 4.9 より，A* アルゴリズムは最短経路の f コストが小さな節点から順番に展開することがわかる。**図 4.8** に，f コストが小さな節点から大きな節点へと，展開済みの領域が年輪のように拡大されていく様子を示す。この図から，A* アルゴリズムの性能は h コストの推定精度に強く依存することが伺われる。

4.4　問題を緩和して h コストを設計する方法

　本節では，元の最短経路問題を緩和して，精度のよい h コストを設計する方法を解説する。h コストの推定精度が高いと，A* アルゴリズムが解を発見する効率もよくなる。推定精度がよい h コストの極端な例として，節点 n からゴール節点までの最小コスト $h^*(n)$ を挙げる。節点 n の子節点を n_c とすると，$C(n,n_c) + h^*(n_c)$ は子節点 n_c が経路上にあるという制約下での節点 n からゴール節点までの最小コストであり，これは明らかに $h^*(n)$ より小さくならないので，つぎの性質が成り立つ。

　性質 4.10　　　節点 n からゴール節点までの最小コスト $h^*(n)$ は無矛盾である。

この極端な例は，探索をする前から最短経路がわかっているような状況に対応していて，このような最小コストを用いると，A* アルゴリズムは一直線に最短経路を進んでゴール節点を発見する。一方，精度が十分でないような推定の例として，値が定数 0 となる h コストが挙げられる。これは，コスト C が正のため無矛盾である。この場合，A* アルゴリズムは知識なし探索の一種であるダイクストラ法のように動作する。

　最短経路問題の緩和とは，元の問題では許されていない行動を許すこととする。これは，元の問題に対応するグラフに新たな枝や節点を追加することに相

当する（**図4.9**）。元の問題に対応するグラフを G，これを緩和した問題に対応するグラフを G' と書く。G の節点，枝，経路は G' にも存在し，G の節点 n_1 から n_2 までの最小コストは G' 上のそれより小さくならない。ここで，G のすべての節点 n に対して，G' 上におけるゴール節点までの最小コストが求まったとしよう。このような G' 上での最小コストを $h''(n)$ と書く。性質 4.10 より $h''(n)$ は G' 上の最短経路問題で無矛盾な h コストとなり，G のどのような節点・子節点の組 (n, n_c) も G' の節点・子節点の組であることから，$h''(n)$ は G 上の最短経路問題でも無矛盾な h コストとなる。したがって，緩和された問題の最小コスト $h''(n)$ を得ることが元の問題を解くよりも十分簡単ならば，この緩和は精度の高い h コストの設計法として有用である。

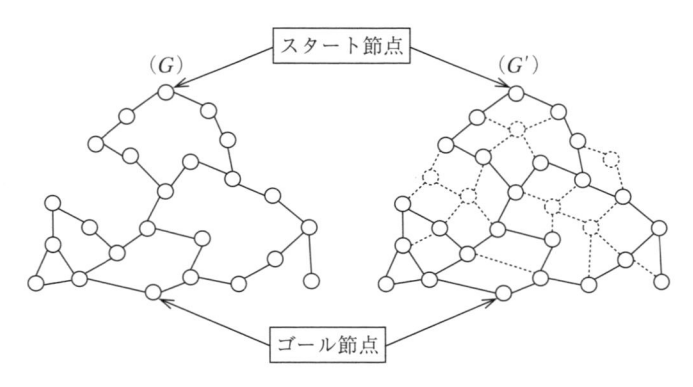

図 4.9 元の問題に対応するグラフ G と，緩和された問題に対応するグラフ G'（円は節点，直線は枝を表す。グラフ G' 破線は，問題を緩和することによって追加された節点と枝を表す）

15 パズルのタイルのスライドに関する，つぎの二つのルールを考えよう。

1. タイルの移動先の場所は，移動元の場所の上下左右に隣接
2. タイルの移動先の場所は空白

これらのルールを無視すると，もともとあったグラフの節点と枝はそのままに，新規節点と枝が出現する。

　これらのルール両方を無視するパズルの最短経路問題は，元の問題に対する緩和された問題の一つとなる。このパズルでは，タイルは一つの場所に２枚以上重なることが許され，さらには，各タイルは一飛びに目的の場所へと移動可能となる。したがって，この新しいパズルの節点 n からゴール節点までの最小コストは，目的の場所にないタイルの数を数えることにより得られる。このようにして得られた G 上の h コストを $h_{mp}(n)$ とする。

　同様に，ルール２のみを無視するパズルの最短経路問題も，元の問題に対する緩和された問題の一つとなる。このパズルでは，タイルは一つの場所に２枚以上重なることが許されるが，一飛びに目的の場所へと移動することはできない。各タイルは上下左右に１マスずつ移動して目的の場所に到達し，各タイルの移動回数は目的の場所へのマンハッタン距離と等しい[†]。したがって，この新しいパズルの節点 n からゴール節点までの最小コストは，各タイルの目的の場所へのマンハッタン距離の総和により得られる。この h コストを $h_{md}(n)$ とする。

　図 4.10 に，15 パズルよりもサイズの小さい８パズルにて，各種 h コストを用いた A^* 探索の性能を比較する。横軸は最小のスライド回数（最小コスト），縦軸は訪問節点数を表す。８パズルにおいて，ある初期配置からつくることのできる配置の総数は約 18 万である。したがって，縦軸の値はこれより大きくならない。使用した h コストは $h_0(n)$，$h_{mp}(n)$，$h_{md}(n)$，$h_{lc}(n)$ の４種であり，$h_0(n)$ は定数 0 の h コスト，$h_{lc}(n)$ は linear conflict ヒューリスティックと呼ばれる $h_{md}(n)$ を改良した h コストである。元の問題に対応するグラフのどのような節点 n に対しても，$h_0(n) \leq h_{mp}(n) \leq h_{md}(n) \leq h_{lc}(n) \leq h^*(n)$ となる。図では，探索効率もこの順でよくなる傾向が示されている。

　15 パズルやそれ以上のサイズの最短経路問題を解くためには，さらなる探索効率の改善が望ましい。パターンデータベースを用いた h コストの高精度

[†]　平面上の二つの座標点 (x_1, y_1)，(x_2, y_2) のマンハッタン距離は $|x_2 - x_1| + |y_2 - y_1|$ である。この距離の用語は，ニューヨーク市マンハッタンのように碁盤の目状に整備された道路の移動距離に由来する。

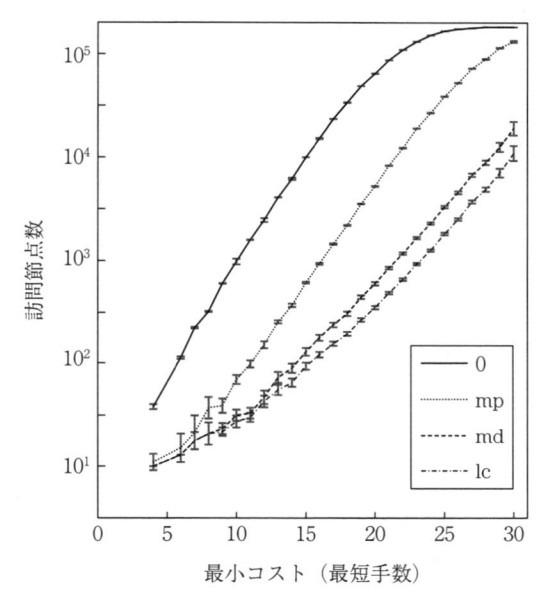

節点 n の h コストには $h_0(n)$，$h_{mp}(n)$，$h_{md}(n)$，$h_{lc}(n)$ の 4 種の関数を用いた。縦軸の値は訪問節点数，横軸は最小コスト。訪問節点数はランダムに生成された 1 万個の初期配置を探索して得られた平均値。平均は常用対数をとった後にとった。誤差範囲は標準誤差から見積もられた 95％信頼区間

図 4.10　8 パズルの最短経路問題を A^* 探索で解いた際の訪問節点数

化と，深さ優先探索を反復深化法と組み合わせた使用メモリの削減によって，15 パズルや 24 パズルの最短経路問題が効率的に解かれることが現在知られている。

5章　ゲーム理論の基礎知識： ▬▬▬▬▬▬
囚人のジレンマ，ジャンケン，三目並べ

　本章では，複数のプレーヤからなるゲームの最適戦略に関する理解を深めるために，ゲーム理論の基礎を学ぶ。

　ゲーム理論は応用数学の一分野を形成する歴史ある学問である。1944 年のフォン・ノイマン（J. von Neumann）とモルゲンシュタイン（O. Morgenstern）による共著，「ゲーム理論と経済行動」がゲーム理論を学問の一分野として普及させる一つの引き金になったとされる。1994 年にはナッシュ（J.F. Nash）による均衡点に関する研究成果が評価されて，ノーベル経済学賞を受賞したことからも，社会のゲーム理論に対する関心の深さが伺われる。

　この学問分野では，複数の個人や団体などの主体が，各主体の利益向上を目指して意思決定するようなゲーム的状況を扱う。ゲーム理論は，このような状況を分析することにより，各主体の合理性に関する知見を与える。理論の適応範囲は，本書が対象とする 2 人以上のプレーヤからなるボードゲームやビデオゲームにも及ぶ。プレーヤの合理性の理解は，ゲーム人工知能を設計する際に役に立つであろう。特に，必勝法や最適戦略を求めるような場合には，ゲーム理論で用いられる用語の意味を知る必要がある。

5.1　戦略型ゲームと戦略の優劣

　ゲーム的状況の具体例として，2 店舗の価格競争を取り上げる。この例では，道を挟んで向かい合う店舗 A と店舗 B を考える。各店舗の 1 日の営業方針は大安売りと通常営業の 2 通りであり，両店舗の営業方針に対する各店舗の 1 日の利益は既知とする（**表 5.1**）。本項では，このような状況下で，各店舗それぞれが利益をより大きくするように意思決定するための方針を考える。実際の価格競争はこれほど単純なものではないかもしれない。しかし，ここまで

表 5.1 店舗 A と店舗 B の競争（括弧内左は店舗 A の利得 $f_1(s)$，右は店舗 B の利得 $f_2(s)$ を表す）

		店舗 B の戦略	
		通常営業	大安売り
店舗 A の戦略	通常営業	$(100, 100)$	$(10, 200)$
	大安売り	$(200, 10)$	$(110, 110)$

極端ではないにしても，現実世界の競争を机上で考察する際には，なんらかのモデル化や単純化はおおよそ避けられない。

意思決定を行う主体を**プレーヤ**（player）と呼び，プレーヤの数を N で表す。N は一般に 2 以上の整数であるが，2 店舗の価格競争など，本節の例ではゲーム的状況を図示しやすい $N=2$ の場合を扱う。また，全プレーヤに 1 以上 N 以下の整数を重複なく割り当てて，これによって各プレーヤを識別することとする。2 店舗の価格競争の例では店舗 A には 1 番，店舗 B には 2 番を割り当てよう。

プレーヤ i（$1 \leq i \leq N$）が選択できる**戦略**（strategy）すべてからなる集合を S_i と書く[†1]。ここで，プレーヤ i の意思決定とは，S_i に属す戦略の一つを選択することである。2 店舗の価格競争の例では，$S_1 = S_2 = \{$大安売り, 通常営業$\}$[†2] となる。また，全プレーヤの戦略の組を $s = (s_1, ..., s_N)$ と書くことにする。ただし，$s_i \in S_i$ である[†3]。2 店舗の価格競争の例では，$s = ($大安売り, 大安売り$)$ と書けば，2 プレーヤとも大安売りの意味になる。さらに，この戦略の組によって定まるプレーヤ i の**利得**（payoff）[†4] を，関数 $f_i(s)$ や $f_i(s_1, ..., s_N)$ などとして表現する。利得は 0 か 1 の二値であったり，整数値であったり，実数値であったりして利得関数の値域はゲームによって異なるが，利得の値はとにか

[†1] 本項では，S_i に属す戦略は基本的には有限個（S_i は有限集合）とするが，後述の混合拡大により構成される戦略型ゲームには無数の戦略が属す。

[†2] 波括弧は集合を表す記号である。例えば，三つの要素 a, b, c からなる集合 A は，$A = \{a, b, c\}$ や $A = \{c, b, a\}$ などと表される。順番は問わない。要素がない集合 $\phi = \{\}$ は空集合と呼ぶ。

[†3] 記号 $\in$ は集合・要素の帰属関係を表し，$a \in A$ は「a は集合 A に属す」や「集合 A に属す a」などと読む。

[†4] **効用**（utility）とも呼ばれる。

く大小の比較が可能な数であるとする。**合理的な**（rational）プレーヤとは，できるかぎり自身の利得を大きくするように意思決定を行うプレーヤのことである。図5.1では，2店舗の競争の例での戦略の組と利得の関係を示している。

定義5.1　**戦略型ゲーム**[†1]（normal-form game）とは，プレーヤ数 $N \geqq$ 2，各プレーヤの戦略集合 $S_1, ..., S_N$，全プレーヤの戦略の組 s により定まる各プレーヤの利得 $f_1(s), ..., f_N(s)$ により記述されるゲーム的状況のことである。

戦略型ゲームにおいてプレーヤ i が戦略を変更する様子を式として記述するために，まず，プレーヤ i 以外の戦略の組を $s_{-i} = (s_1, ..., s_{i-1}, s_{i+1}, ..., s_N)$ のように表記する。例えば，$i=1$ ならば $s_{-1} = (s_2, ..., s_N)$，$i=N$ ならば $s_{-N} = (s_1, ..., s_{N-1})$ となる。2店舗の価格競争の例ではプレーヤ数が2しかないため，プレーヤ i 以外のプレーヤの戦略の組は，i でないプレーヤの戦略そのものを表す。例えば，$s_{-1} =$（大安売り）と書けばプレーヤ2の戦略が大安売り，$s_{-2} =$（通常営業）と書けばプレーヤ1の戦略が通常営業の意になる。そして，戦略の組 $s = (s_1, ..., s_N)$ を $s = (s_i, s_{-i})$ のようにも表記する。このような表記法を用いると，プレーヤ i のみが戦略を $a \in S_i$ に変更した場合，戦略の組 $(s_1, ..., s_{i-1}, a, s_{i+1}, ..., s_N)$ を (a, s_{-i}) のように短く書くことができる。

戦略のよし悪しを判断する基準の一つは，戦略の支配関係である。

定義5.2　プレーヤ i の戦略 $a \in S_i$ と $b \in S_i$ に対して a が b を**支配する**（dominate）とは，どのような戦略の組 s_{-i} に対しても $f_i(a, s_{-i}) > f_i(b, s_{-i})$ が成り立つことである[†2]。

[†1]　**戦略形ゲーム**とも表記される。

[†2]　本項の戦略の性質を表す用語「支配する」は，しばしば**強支配する**（strictly dominate）とも書かれる。一方，S_i に属する二つの戦略 a と b に関して，どのような戦略の組 s_{-i} にも等号付き不等号条件 $f_i(a, s_{-i}) \geqq f_i(b, s_{-i})$ が満たされ，かつ，一つ以上の戦略の組 s_{-i} に対しては等号なしの不等号条件が満たされるのであれば，戦略 a は b を**弱支配する**（weakly dominate）という。

これは，プレーヤ i の視点で考えて，他プレーヤがどのような戦略をとっても戦略 b より a のほうが自身の利得が大きいことを意味していて，戦略の支配関係は各プレーヤの意思決定に強い影響を与える。また，戦略 $a \in S_i$ が S_i の他すべての戦略を支配する場合，a は**支配戦略**（dominant strategy）と呼ばれる。

> **定義 5.3** 支配戦略 $a \in S_i$ とは，a 以外すべての戦略 $b \in S_i$ と，他プレーヤのどのような戦略の組 s_{-i} にも，$f_i(a, s_{-i}) > f_i(b, s_{-i})$ が成り立つような戦略である[†]。

2店舗の価格競争の例では，プレーヤ1にとって大安売りは通常営業を支配する。なぜならば，表5.1より

$$f_1(大安売り, 大安売り) > f_1(通常営業, 大安売り)$$
$$f_1(大安売り, 通常営業) > f_1(通常営業, 通常営業)$$

が満たされるからである。また，大安売りはこのプレーヤの他の戦略すべて（この例では通常営業しかない）を支配するため，プレーヤ1にとって大安売りは支配戦略である。同様にして，表5.1よりプレーヤ2にとっても大安売りは支配戦略であることが確認される。

支配戦略は有効な戦略ではあるものの，これが必ず最善な意思決定であると結論づけることはできない。支配戦略がよいとはいい切れない例として，**表 5.2** に示される戦略型ゲームを紹介する。このゲームは**囚人のジレンマ**（prisoners' dilemma）として知られている。ある国で犯罪の容疑者 A と B が捕ま

表 5.2 囚人のジレンマを表現する戦略型ゲーム

		容疑者 B の戦略	
		黙秘	自白
容疑者 A の 戦 略	黙秘	$(-1, -1)$	$(-5, 0)$
	自白	$(0, -5)$	$(-2, -2)$

[†] 本節の用語「支配戦略」は，しばしば**強支配戦略**（strictly dominant strategy）とも書かれる。

り，2人とも黙秘すると両者の刑期は1年，一方だけ自白すると自白したほう
は釈放されるが黙秘したほうの刑期が5年，2人とも自白すると両者刑期が2
年となる。

　2人の容疑者にとって自白が黙秘を支配し，自白が支配戦略となることは容
易に確かめられる。相手がなにをやっても自白のほうが自身の刑期が短いの
で，各容疑者は自白するかもしれない。ところが，協調して戦略の組(黙秘，
黙秘)を実現すると，自身の利得が(自白，自白)よりも大きくなることにも気
づくであろう。しかし，だからといって黙秘すると相手が裏切って（自白し
て）大きく損をする可能性もある。このようにして，2人の容疑者は支配戦略
を選択（自白）するか，協調（黙秘）するか，結論が得られずジレンマに陥る。

　図5.2の例に現れるようなプレーヤ同士の協調は，しばしば**パレート最適
性**（Pareto optimality）として特徴づけられる。

> **定義 5.4**　　戦略の組 s が**パレート最適**（Pareto optimal）であるとは，
> どのプレーヤ i に対しても $f_i(t) > f_i(s)$ となるような戦略の組 t が存在しな
> いことである。

戦略の組 s がパレート最適でなければ，組 s には協調による利得改善の余地が
ある。囚人のジレンマで2人の容疑者が支配戦略をとった戦略の組 s＝(自白，
自白)は，実際，パレート最適ではない。皆がより得をする戦略の組 t＝(黙秘，
黙秘)が存在するからである。この戦略の組 s 以外の3組はすべてパレート最
適である。

　パレート最適性の概念に基づき考えると，定和（あるいはゼロ和）ゲームで
は，協調によって戦略の組 s を改善することは望めない。ここで，どのような
戦略の組に対しても，プレーヤすべての利得の総和が定数 C となる戦略型
ゲームが**定和ゲーム**（constant-sum game）である。特に，定数 C がゼロの
ゲームは**ゼロ和ゲーム**（zero-sum game）と呼ばれる。定和ゲームとゼロ和
ゲームには本質的な違いがない。なぜならば，定和ゲームは，無条件にプレー
ヤすべてに利得 C/N を配ってゼロ和ゲームと見なすことができるからである。

定和ゲームでは，どのような戦略の組もパレート最適である。なぜならば，もしある戦略の組 s がパレート最適ではなくて，どのプレーヤ i にとっても不等号条件 $f_i(t) > f_i(s)$ を満たす戦略の組 t が存在すると，i に関するこの N 個の不等号条件すべて両辺足し合わせて $C > C$ になり，矛盾するからである。

5.2　ナッシュ均衡と混合拡大

本節では，支配やパレート最適性の概念では戦略の優劣を分析できないような戦略型ゲームについて考える。**表 5.3** に示される**チキンレース**（chiken game）がその一例である。2 人のプレーヤが遠く向かい合った車に乗り，合図とともにアクセルを踏む。各プレーヤの行動は，ハンドルを切るか切らないかのどちらかである。ハンドルを切ったプレーヤは切らなかったプレーヤから**臆病者**（chicken）と呼ばれるが，両プレーヤともにハンドルを切らないと大参事になり，利得は臆病者と呼ばれることとは比べ物にならないくらい小さい値になる。チキンレースには他戦略を支配する戦略が両プレーヤともにない（表 5.3 参照）。

表 5.3　チキンレースの利得

		プレーヤ 2	
		切る	切らない
プレーヤ 1	切る	$(0, 0)$	$(-1, 1)$
	切らない	$(1, -1)$	$(-9, -9)$

このようなゲーム的状況を分析するために，他プレーヤすべてが選び得る戦略の組すべてを考慮することはやめて，他プレーヤすべての特定の戦略の組に対応した戦略を考える。

定義 5.5　　プレーヤ i の戦略 $a \in S_i$ と他プレーヤの戦略の組 s_{-i} に関して，どのような戦略 $b \in S_i$ にも $f_i(a, s_{-i}) \geq f_i(b, s_{-i})$ が成り立つならば，a は s_{-i} に対する**最適応答**（best response）と呼ぶ。

これは，プレーヤ i の視点で考えて，他プレーヤの特定の戦略の組を想定すると，その組に対応する最適応答が自身の利得を最大にすることを意味する。定義より，支配戦略は，他プレーヤのどのような戦略の組に対しても最適応答である。また，他戦略に支配される戦略は最適応答にはならない。チキンレースでは，両プレーヤともに，相手プレーヤの「ハンドルを切る」に対する最適応答は「ハンドルを切らない」であり，また，相手プレーヤの「ハンドルを切らない」に対する最適応答は「ハンドルを切る」である。

戦略型ゲームの各プレーヤの意思決定の様子は，最適応答の概念を使うと，つぎのように考察できる。まず，各プレーヤ i の戦略を S_i から適当に選んで構成された戦略の組を $s^{(0)}$ とする。そして，各プレーヤが順次戦略を最適応答に変更していくとする。すなわち，プレーヤ 1 が $s_{-1}^{(0)}$ に対する最適応答 $s_1^{(1)}$ に戦略を更新し戦略の組は $s^{(1)} = (s_1^{(1)}, s_{-1}^{(0)})$ となり，プレーヤ 2 が $s_{-2}^{(1)}$ に対する最適応答 $s_2^{(2)}$ に戦略を更新し戦略の組は $s^{(2)} = (s_2^{(2)}, s_{-2}^{(1)})$ となり，これをプレーヤ N まで 1 周すると，戦略の組は $s^{(N)} = (s_N^{(N)}, s_{-N}^{(N-1)})$ となる。ただし，$s_N^{(N)}$ は $s_{-N}^{(N-1)}$ に対する最適応答である。また，最適応答が複数存在して，元の戦略が最適応答の一つならば，元のまま戦略を変更しないとする。このようにして，各プレーヤが順次戦略を最適応答に変更していく処理を何周も繰り返すと，戦略の組はいつまでもつぎつぎと変化していくか，最終的にはある組でもうこれ以上変化しなくなるかのどちらかである。もし戦略の組が最終的に s^* になり変化しなくなったならば，各プレーヤは s^* から自分だけ戦略を変更するような動機をもたないと考えることができるであろう。このような戦略の組 s^* は，戦略型ゲームの**ナッシュ均衡点**（Nash equilibrium point），**ナッシュ均衡**（Nash equilibrium），**均衡点**（equilibrium point）などと呼ばれる。本章では，以降これを均衡点と書く。一般に，あるゲームに対して均衡点が存在しなかったり，複数存在したりする。

均衡点では各プレーヤがとる戦略は他プレーヤの戦略の組に対する最適応答である。

定義5.6　　どのプレーヤ i に対しても，すべての戦略 $a \in S_i$ で $f_i(s) \geqq f_i(a, s_{-i})$ が満たされるならば，戦略の組 s は均衡点と呼ぶ。

定義より，支配戦略の組は均衡点である。また，他戦略に支配される戦略は，均衡点に含まれない。さらに，支配戦略の組の場合と同様に，均衡点はパレート最適とはかぎらない。

再びチキンレースの例に戻り，均衡点の観点からこのゲームを分析してみよう。表5.3より，二つの戦略の組（切る，切らない）と（切らない，切る）は均衡点であると同時にパレート最適でもあり，協調による利得の改善は望めない。また，これら二つの均衡点は利得が異なるため，どの均衡点を選択するのかということに関して，プレーヤ間で利害が対立していることがわかる。

ここまでで，支配の概念では戦略の優劣を解決できないゲーム的状況は，均衡点によりある程度は分析が可能であることを示した。それでは，均衡点もないゲームはどう分析したらよいのであろうか？ 均衡点もないような戦略型ゲームの例は**表5.4**に示されている。本項の最後に，このようなゲームを分析する方法の一つとして，戦略を**混合戦略**（mixed strategy）に，また利得を**期待利得**（expected payoff）に置き換えて，**混合拡大**（mixed extension）された戦略型ゲームを導入する方法を紹介する。

表5.4　ジャンケンの利得

		プレーヤ2		
		グー	チョキ	パー
プレーヤ1	グー	$(0, 0)$	$(1, -1)$	$(-1, 1)$
	チョキ	$(-1, 1)$	$(0, 0)$	$(1, -1)$
	パー	$(1, -1)$	$(-1, 1)$	$(0, 0)$

混合戦略に対し，混合拡大前の戦略を**純戦略**（pure strategy）とする。混合戦略とは，純戦略を確率的に選択する戦略である。表5.4で示される例では，各プレーヤの純戦略の集合は $S_1 = S_2 = \{$グー，チョキ，パー$\}$ である。例えば，三つの純戦略をどれも等確率で選択するようなプレーヤ i の混合戦略は，$q_i =$

$(1/3, 1/3, 1/3)$ と書こう。このようにして，混合戦略は純戦略の集合 S_i 上の確率分布として表される。すなわち，プレーヤ i の混合戦略は純戦略 $a \in S_i$ の関数 $q_i(a)$ であり，$\sum_{a \in S_i} q_i(a) = 1$ かつ $0 \leqq q_i(a) \leqq 1$ である[†1]。

期待利得とは，プレーヤすべての混合戦略の組により定まる利得の期待値である。すなわち，プレーヤすべてがそれぞれ混合戦略 $q_1, ..., q_N$ をとったときのプレーヤ i の期待利得 F_i は，各プレーヤの純戦略の集合 $S_1, ..., S_N$ と，純戦略の組 s に対するプレーヤ i の利得 $f_i(s)$ により，以下のように書ける[†2]。

$$F_i(q_1, ..., q_N) = \sum_{s_1 \in S_1} \cdots \sum_{s_N \in S_N} f_i(s_1, ..., s_N) \prod_{j=1}^{N} q_j(s_j)$$

プレーヤ j の混合戦略 q_j は，S_j が M 個の要素からなるとすれば，各成分が区間 $[0,1]$ に属し総和が 1 となるような点 $q_j = (x_1, ..., x_M)$ と見なせる。このような点全体がなす集合を D_M とすると，プレーヤ j 以外の混合戦略の組を固定したプレーヤ i の期待利得 $F_i(q_j)$ は，定義域 D_M の多変数関数 $F_i(x_1, ..., x_M)$ である。この関数が連続であることから，最大値や最小値が定義域 D_M に存在し[†3]，期待利得 $F_i(q_j)$ を最大や最小にするプレーヤ j の混合戦略が存在する。すなわち，プレーヤ j のどのような混合戦略 q_j にも，$F_i(b) \leqq F_i(q_j) \leqq F_i(a)$ を満たすような j の混合戦略 a と b が存在する。したがって，有限集合の純戦略の組に対する利得の場合と同じように，期待利得を最大および最小にするような混合戦略を考えることも可能である。これらのようにして，純戦略を混合戦略に，また利得を期待利得に置き換えて混合拡大されたゲームもまた，戦略型ゲームと見なされる。

図 5.4 の例では，プレーヤ 1 の期待利得はつぎのように書ける。

$$F_1(q_1, q_2) = \quad q_1(\text{グー})q_2(\text{チョキ}) + q_1(\text{チョキ})q_2(\text{パー}) + q_1(\text{パー})q_2(\text{グー})$$
$$- q_1(\text{グー})q_2(\text{パー}) \quad - q_1(\text{チョキ})q_2(\text{グー}) - q_1(\text{パー})q_2(\text{チョキ})$$

[†1]　総和 $\sum_{x \in X} y(x)$ は，集合 X の要素 x の関数値 $y(x)$ すべての総和を表す。

[†2]　総乗 $\prod_{i=1}^{n} a_i$ は，a_1 から a_n までのすべての積を表す。ただし，n は正整数。

[†3]　定義域 D_M は，M 次元ユークリッド空間の有界閉集合で，コンパクトで空集合でないため，この連続関数に最大・最小値が存在する。

両プレーヤ共に純戦略のグー，チョキ，パーをそれぞれ等確率で選択する混合戦略の組 q^* を考えよう。すなわち，$q^* = (q_1^*, q_2^*)$ として，どの純戦略 $a \in S_i$ に対しても $q_i^*(a) = 1/3$ である。この組から，プレーヤ 1 のみ混合戦略をある戦略 q_1 に変更しても，プレーヤ 1 の期待利得は $F_1(q^*) = F_1(q_1, q_2^*) = 0$ であり変化ない。同様にして，プレーヤ 2 のみ混合戦略をある戦略 q_2 に変更しても，プレーヤ 2 の期待利得も $F_2(q^*) = F_2(q_1^*, q_2) = 0$ となり変化ない。したがって，定義 5.6 より混合戦略の組 q^* は均衡点となる。

戦略型ゲームは一般に均衡点をもつとはかぎらない。しかし，証明は他書に譲るが，混合拡大された戦略型ゲームには一つ以上の均衡点が存在する。このような理由で，混合拡大は戦略型ゲームを分析する際の有力な道具となる。その一方で，現実世界の問題のモデルへの混合拡大の適用には注意を要する。混合拡大は確率的な戦略の選択を前提とする。この前提はゲームを行う回数が多い場合にはあまり問題にならないかもしれないが，これがごく少数の場合には混合戦略はさほど有用な知見をわれわれに与えない。例えば，一度きりのジャンケンの勝負では，グー・チョキ・パーそれぞれ等確率で出すと期待利得が均衡点のそれと同じ 0 になる，という知識はほとんど役には立たない。さらに，期待利得の解釈にも注意を要する。純戦略の組の利得が 1 000 円の場合と，混合戦略の組の期待利得が 1 000 円の場合とでは意味が大きく異なり得る。後者の場合，大抵は 1 001 円の利得が得られるが，まれに 1 億円損するという意味かもしれない。期待利得だけではなく，各利得を得る確率も考慮したゲーム的状況の分析もときとして必要となる。

5.3 二人ゼロ和ゲームの均衡点とミニマックス定理

前節最後に示したゲーム（表 5.4 参照）はプレーヤ数が $N = 2$ であり，どのような戦略の組 s に対しても利得の和 $f_1(s) + f_2(s)$ がゼロである。このようなゲームは**二人ゼロ和ゲーム**と呼ばれる。二人ゼロ和ゲームの均衡点は特別な性質をもち，プレーヤの意思決定に強い影響を与える。

　二人ゼロ和ゲームではどのような戦略の組 s でも $f_1(s)+f_2(s)=0$ となり，プレーヤ1と2の二つの利得は独立ではない。そこで，二人ゼロ和ゲームの利得を一つの関数 $f(s)=f_1(s)=-f_2(s)$ により表す。本節では，以降プレーヤ1は利得 $f(s)$ を大きくしたいプレーヤなので，**マックスプレーヤ**と呼ぶ。一方，プレーヤ2は利得 $f(s)$ を小さくしたいプレーヤなので，**ミニマムプレーヤ**と呼ぶ。

　ここで，二人ゼロ和ゲームの**鞍点**（saddle point）を考える。

　定義 5.7　　二人ゼロ和ゲームにおいて，どのような戦略 $s_1 \in S_1$ と $s_2 \in S_2$ に対しても $f(s_1, s_2^*) \leqq f(s_1^*, s_2^*) \leqq f(s_1^*, s_2)$ を満たすような戦略の組 $s^* = (s_1^*, s_2^*)$ を，鞍点と呼ぶ。

マックスプレーヤの視点で鞍点の性質を考えてみよう。まず，戦略 s_1^* は，ミニマムプレーヤの戦略 s_2^* に対する最適応答である。つぎに，ミニマムプレーヤの戦略が s_2^* 以外のものに変わったとしても，マックスプレーヤに損がない。この後者の性質は，表5.3に示したチキンレースの均衡点では満たされないことに注意する。各プレーヤにとって，鞍点を形成する戦略は，一般的な均衡点よりも好ましい選択肢になり得る。

　二人ゼロ和ゲームなので，$f(s_1, s_2^*) \leqq f(s_1^*, s_2^*)$ は $f_1(s_1, s_2^*) \leqq f_1(s_1^*, s_2^*)$，また $f(s_1^*, s_2^*) \leqq f(s_1^*, s_2)$ は $f_2(s_1^*, s_2) \leqq f_2(s_1^*, s_2^*)$ を意味する。これらのことから，以下の性質が導かれる。

　性質 5.1　　二人ゼロ和ゲームの均衡点は鞍点であり，鞍点は均衡点である。

　つぎに，二人ゼロ和ゲームにおける**保証水準**（security level）を考える。これは，一方のプレーヤがある戦略を選択したときに，他方に最適応答されてしまった場合（最悪の場合）の利得である。

定義5.8a　　$\min_{s_2 \in S_2} f(s_1, s_2)$は，マックスプレーヤの戦略 $s_1 \in S_1$ が与える保証水準である[†1]。

定義5.8b　　$\max_{s_1 \in S_1} f(s_1, s_2)$は，ミニマムプレーヤの戦略 $s_2 \in S_2$ が与える保証水準である[†2]。

これらの保証水準はある戦略が被り得る最も大きな損害のようなものと考え，この損害をできるだけ抑える戦略を選択して，最悪の事態に備えるような意思決定方法が考えられる。このようにして選択された戦略は，二人ゼロ和ゲームの**マックスミニ戦略**，あるいは**ミニマックス戦略**と呼ばれる。マックスミニ戦略は，保証水準を最大にするマックスプレーヤの戦略である。

定義5.9a　　等号条件 $\min_{s_2 \in S_2} f(s_1^*, s_2) = \max_{s_1 \in S_1} \min_{s_2 \in S_2} f(s_1, s_2)$ を満たすようなマックスプレーヤの戦略 $s_1^* \in S_1$ をマックスミニ戦略という。また，等式の値を**マックスミニ値**という。

ミニマックス戦略は，保証水準を最小にするミニマムプレーヤの戦略である。

定義5.9b　　等号条件 $\max_{s_1 \in S_1} f(s_1, s_2^*) = \min_{s_2 \in S_2} \max_{s_1 \in S_1} f(s_1, s_2)$ を満たすようなミニマムプレーヤの戦略 $s_2^* \in S_2$ をミニマックス戦略という。また，等式の値を**ミニマックス値**という。

マックスミニ値とミニマックス値は，二人ゼロ和ゲームに対して一意に定まるが，マックスミニ戦略とミニマックス戦略はどちらも複数存在し得ることに注意しよう。マックスミニ値とミニマックス値はつぎの性質を満たす。

[†1] $\min_{x \in X} f(x)$は，集合 X 上の関数 $f(x)$ の最小値。例えば，$X = \{a, b, c\}$ ならば，$f(a)$，$f(b)$，$f(c)$ の三つの値の最小値。どのような $x \in X$ に対しても $\min_{x \in X} f(x') \leqq f(x)$ が満たされる。

[†2] $\max_{x \in X} f(x)$は，集合 X 上の関数 $f(x)$ の最大値。例えば，$X = \{a, b, c\}$ ならば，$f(a)$，$f(b)$，$f(c)$ の三つの値の最大値。どのような $x \in X$ に対しても $f(x) \leqq \max_{x \in X} f(x')$ が満たされる。

性質5.2　　マックスミニ値はミニマックス値よりも大きくならない。すなわち

$$\max_{s_1 \in S_1} \min_{s_2 \in S_2} f(s_1, s_2) \leq \min_{s_2 \in S_2} \max_{s_1 \in S_1} f(s_1, s_2)$$

が成り立つ。

なぜならば，マックスミニ戦略 s_1^* は定義より $\max_{s_1 \in S_1} \min_{s_2 \in S_2} f(s_1, s_2) = \min_{s_2 \in S_2} f(s_1^*, s_2)$ を満たし，さらに，どのような戦略 $b \in S_2$ に対しても $\min_{s_2 \in S_2} f(s_1^*, s_2) \leq f(s_1^*, b) \leq \max_{s_1 \in S_1} f(s_1, b)$ が満たされるので，どのような戦略 $b \in S_2$ にも $\max_{s_1 \in S_1} \min_{s_2 \in S_2} f(s_1, s_2) \leq \max_{s_1 \in S_1} f(s_1, b)$ が成り立つためである。

　本項では，以降，ミニマックス戦略・マックスミニ戦略と均衡点との関係を述べる。まず，二人ゼロ和ゲームに均衡点 $s^* = (s_1^*, s_2^*)$ が存在するとしよう。このとき，ミニマックス値とマックスミニ値が均衡点の利得と等しくなり，s_1^* がマックスミニ戦略，s_2^* がミニマックス戦略となることを示そう。最小値と最大値の定義より $\min_{s_2 \in S_2} \max_{s_1 \in S_1} f(s_1, s_2) \leq \max_{s_1 \in S_1} f(s_1, s_2^*)$ と $\min_{s_2 \in S_2} f(s_1^*, s_2) \leq \max_{s_1 \in S_1} \min_{s_2 \in S_2} f(s_1, s_2)$ が成り立つ。そして，均衡点 (s_1^*, s_2^*) は鞍点なので，$\max_{s_1 \in S_1} f(s_1, s_2^*) = f(s_1^*, s_2^*) = \min_{s_2 \in S_2} f(s_1^*, s_2)$ も成り立つ。したがって，$\min_{s_2 \in S_2} \max_{s_1 \in S_1} f(s_1, s_2) \leq f(s_1^*, s_2^*) \leq \max_{s_1 \in S_1} \min_{s_2 \in S_2} f(s_1, s_2)$ である。ここで，マックスミニ値はミニマックス値よりも大きくはならないことを思い出すと，$\min_{s_2 \in S_2} \max_{s_1 \in S_1} f(s_1, s_2) = \max_{s_1 \in S_1} f(s_1, s_2^*) = f(s_1^*, s_2^*) = \min_{s_2 \in S_2} f(s_1^*, s_2) = \max_{s_1 \in S_1} \min_{s_2 \in S_2} f(s_1, s_2)$ が示される。

　つぎに，ミニマックス値とマックスミニ値が等しい二人ゼロ和ゲームにおいて，s_1^* をマックスミニ戦略の一つ，s_2^* をミニマックス戦略の一つとしたときに，戦略の組 $s^* = (s_1^*, s_2^*)$ が均衡点となることを示そう。ミニマックス値とマックスミニ値が等しいので $\max_{s_1 \in S_1} f(s_1, s_2^*) = \min_{s_2 \in S_2} f(s_1^*, s_2)$ が成り立ち，最小値と最大値の定義より $\min_{s_2 \in S_2} f(s_1^*, s_2) \leq f(s_1^*, s_2^*) \leq \max_{s_1 \in S_1} f(s_1, s_2^*)$ となるため，$\max_{s_1 \in S_1} f(s_1, s_2^*) = f(s_1^*, s_2^*) = \min_{s_2 \in S_2} f(s_1^*, s_2)$ が成り立つ。したがって，戦略の組 $s^* = (s_1^*, s_2^*)$ は均衡点である。

　これまで述べた二人ゼロ和ゲームにおけるミニマックス戦略・マックスミニ戦略と均衡点との関係を，以下にまとめる。

性質5.3a　　均衡点が存在することの必要十分条件は，マックスミニ値とミニマックス値が等しくなることである。

性質5.3b　　均衡点はマックスミニ戦略とミニマックス戦略の組である。

性質5.3c　　マックスミニ値とミニマックス値が等しければ，どのようなマックスミニ戦略の一つとミニマックス戦略の一つを選んでも，均衡点の一つになる。

混合拡大した二人ゼロ和ゲームには均衡点が存在するため，混合戦略と期待利得により表されるマックスミニ値とミニマックス値は等しくなる。これは**ミニマックス定理**（minimax theorem）と呼ばれる。また，マックスミニ値とミニマックス値が等しいならば均衡点が一つ以上存在し，これらの値はどの均衡点の値とも等しい。これらのことから，つぎの性質が導かれる。

性質5.3d　　二人ゼロ和ゲームの均衡点は，たとえ二つ以上存在したとしても，すべて同じ利得を与える。

二人ゼロ和ゲームの均衡点の利得が一意に定まることから，二人ゼロ和ゲームの均衡点の利得は**ゲームの値**（game value）とも呼ばれる。図5.3で見たチキンレースの均衡点は二つあり，どちらの均衡点を選択するかという点で2プレーヤ間に利害の対立があった。しかし，二人ゼロ和ゲームでは複数の均衡点をめぐる利害の対立は起きない。

　これまで述べたように，二人ゼロ和ゲームにおいては，均衡点は各プレーヤに対して強い意思決定の動機を与える。このため，このようなゲームの均衡点を構成する戦略は最適戦略，ゲームの値を求めることはゲームを解く，というのが通例である。ただし，いかなる場合においても，二人ゼロ和ゲームの均衡点を形成する戦略がつねによい戦略とはかぎらない点に注意する。競争相手の知識の不備やミスを事前に予測可能な場合がそうはならないような例である。

5.4　展開型ゲーム

「**三目並べ**（Tic-Tac-Toe，**マルバツゲーム**）」において合理的なプレーヤが
とる戦略を考えよう。三目並べは，**図 5.1** に示されるように，3×3 の盤上に
二人がマルとバツを交互に書いて，縦・横・斜めいずれかに，先に三つ並べた
ほうが勝つゲームである。マルかバツが三つ並ばなければ引分けである。マル
を書くプレーヤが先手，バツを書くプレーヤが後手となる。

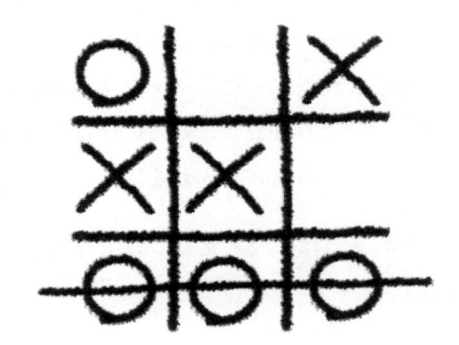

図 5.1　三目並べの終局例
（この例では，横に三つ
並んだマルの勝ち）

　三目並べは，例えば，**図 5.2**（a）のようにして戦略型ゲームとして表現さ
れる。この戦略型ゲームでは，先手プレーヤの戦略は，先手がマルを書くとき
の盤上のマル・バツの配置全通りを列挙し，マルを書く位置をこれらの盤上に
記したものとなる。後手の戦略に関しても同様である。先手と後手の戦略の組
が定まると，ゲームの勝敗も定まる。先手と後手の利得は，勝ちが(1,−1)，
負けが(−1,1)，引分けが(0,0)として，先手・後手それぞれ，全列挙されたマ
ル・バツの配置が記された巨大な利得の表として表される。このようにして戦
略型ゲームとして表現された三目並べは，二人ゼロ和ゲームである。

　一方，図 5.2（b）は三目並べを**展開型ゲーム**[†]（extensive-form game）と
して表現する。戦略型ゲームと展開型ゲームはゲーム状況の表現方法に違いが

[†]　**展開形ゲーム**とも表記する。

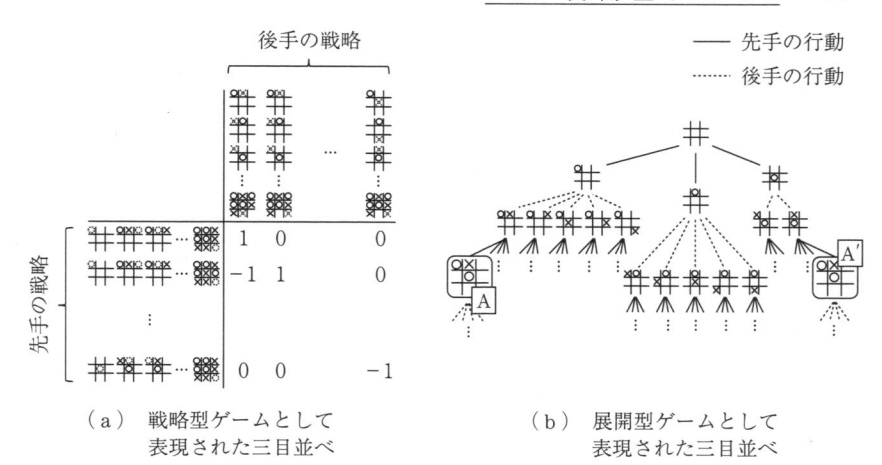

（a）　戦略型ゲームとして
　　　表現された三目並べ

（b）　展開型ゲームとして
　　　表現された三目並べ

図 5.2　戦略型ゲームとして表現された三目並べと展開型ゲームとして表現された三目並
べ（破線のマル・バツは各配置での先手・後手の行動，数字は先手の利得を表す。A と
A′は配置も手番プレーヤも同じだが，これらに至る行動列が異なる）

ある。展開型ゲームは，プレーヤの意思決定が段階的に行われるようなゲーム
進行（プレー）を，**手番**（move）の系列として明示的に扱う。ゲーム進行は
一方向であり，決して元の手番に戻ることはない。図 5.2（b）の場合，進行
方向は上から下である。また，A と A′はマル・バツの配置も同じで手番プ
レーヤも同じではあるが，これらに至る行動列が異なるため，それぞれ異なる
ゲーム進行に属する。

　展開型ゲームを構成する手番の系列は，**ゲーム木**（game tree）として書き
表される（**図 5.3**）。木を構成する**節点**（node）はゲーム進行の分岐点に対応
し，枝はプレーヤの**行動**（action）に対応する。ゲーム開始点に対応する節点
を根節点と呼ぶ。どの節点も，根節点からの経路が一意に定まる。二つの節点
が 1 本の枝で直接結ばれている場合，根節点に近いほうが**親節点**（parent
node），遠いほうが**子節点**（child node）と呼ばれる。根節点には親節点がな
く，他すべての節点は一つだけ親節点をもつ。子節点をもつ節点は**内部節点**
（internal node），子節点をもたない節点は**終端節点**（terminal node）と呼ぼ
う。内部節点は手番に他ならない。どの手番も二つ以上の子節点をもち，その

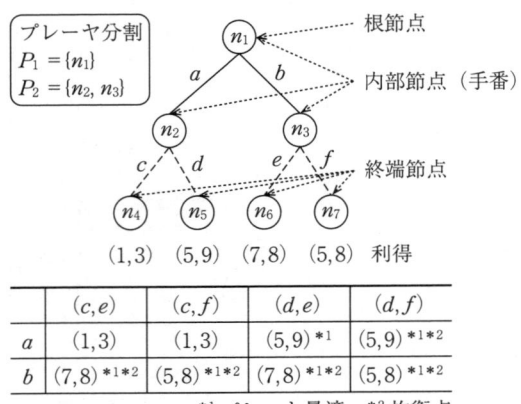

図 5.3 ある二人展開型ゲームとこの展開型ゲームを戦略型ゲームとして表現し直したときの利得表（図中の円は節点，二節点を結ぶ線は枝と呼ぶ。各枝には a から f までのラベルが付されている。表の行はプレーヤ1の戦略，列はプレーヤ2の戦略を表す）

手番のプレーヤが行動してゲーム進行が分岐する。

元の木の内部節点を根節点として，この節点の子孫すべてからなる木は，元の木の**部分木**（subtree）と呼ぶ。節点 n_2, n_4, n_5 と枝 c, d からなる木は，元の木の部分木の一例である。

各手番において行動するプレーヤは，手番集合の**プレーヤ分割**（player partition）$P = \{P_1, ..., P_N\}$ により表される[†]。ここで，N はプレーヤ数であり，ある内部節点がプレーヤ i の手番ならば，これは分割の i 番目の部分 P_i に属する。

ここで，三目並べの先手・後手をコイントスにより決定するとしよう。この場合にも，先後の決定はある種の行動として考えることができる。しかし，このような行動は偶然に左右されるものであり，どのプレーヤの意思とも無関係に行われる。コイントスのような偶然に左右されるような要素を含むゲーム的

[†] 集合を空でないたがいに交わらない部分集合に分けることを，集合の**分割**（partition）という。集合 $\{a, b, c\}$ の分割の一例は $\{\{a, b\}, \{c\}\}$ である。集合 X のある分割を $\{X_1, ..., X_M\}$ とすれば，$x \in X$ は必ず X_1 から X_M までのいずれか一つの部分集合のみに属する。

状況は，ある確率分布に従って勝手に行動をしてしまう仮想的なプレーヤの手番として表現される。このような手番は**偶然手番**（move by nature または chance move）と呼ばれる。カードゲームで裏向きに積まれたデッキから1枚カードを開いたり，双六でサイコロを振ったり，麻雀で山から牌をツモするような状況も，偶然手番としてしばしば表現される。偶然手番はプレーヤ分割の0番目，P_0 に属するとする。また，各偶然手番はその行動集合上の確率分布をもち，この確率に従って行動する。ここで，確率0や1の偶然手番の行動はないものとする。

　展開型ゲームが偶然手番をもつ場合，全プレーヤの行動すべてを固定しても，ゲーム進行（手番の系列）や各プレーヤの利得が確定するとはかぎらない。

　定義5.10　　偶然手番を一つ以上もつ展開型ゲームを**不確定**（non-deterministic）**ゲーム**，そうでない展開型ゲームを**確定**（deterministic）**ゲーム**と呼ぶ[†]。

図5.4 に不確定ゲームのゲーム木の一例を示す。内部節点 n_3 は P_0 に属し偶然手番である。プレーヤ1が手番 n_1 にて行動 b をとったならば，両プレーヤの利得の組は確率 $1/3$ で $(5,0)$，確率 $2/3$ で $(7,8)$ となる。

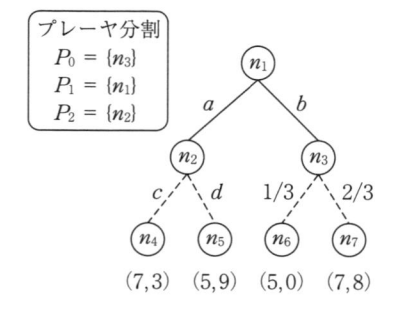

図5.4　偶然手番 n_3 をもつ
2人展開型ゲーム

[†]　純戦略の組からなる均衡点が存在する展開型ゲームは，**確定的**（determinate）であるという。ゲームの性質「確定」と「確定的」は異なる概念である。確定的な不確定ゲームがあったり，確定的ではない確定ゲームがあったりする。

偶然手番は，サイコロの目やカードのデッキなど，どのプレーヤも情報を知り得ないようなゲーム的状況を表現するのに有用な概念である。一方で，ある特定のプレーヤのみ情報を知り得るようなゲーム的状況もあり得る。例えば，カードゲームの手札や麻雀の手牌は，それらを所有するプレーヤだけが知っている。また，ジャンケンのように複数プレーヤが同時に行動する場合には，それらのプレーヤが各自の行動だけを知っている。このようなゲーム的状況は，デッキからカードを1枚開く場合のように偶然手番として表現できそうにない。

展開型ゲームでは，これらのように一部のプレーヤが情報を知っていたり知らなかったりするようなゲーム的状況を，**情報分割**（information partition）により表現する。情報分割はプレーヤ分割をさらに分割したものである。例えば，手番集合が $V=\{n_1, n_2, n_3, n_4, n_5\}$，プレーヤ分割が $P=\{P_1, P_2\} = \{\{n_1, n_2\}, \{n_3, n_4, n_5\}\}$ ならば，情報分割は $U=\{U_1, U_2\}=\{\{u_{11}\}, \{u_{21}, u_{22}\}\}=\{\{\{n_1, n_2\}\}, \{\{n_3, n_4\}, \{n_5\}\}\}$ などのようになされる。ここで，U_i は集合 P_i の分割になっていることに注意する。同じプレーヤの手番からなる集合 u_{ij} は**情報集合**（information set）と呼ばれる。手番プレーヤは各情報集合を区別できるが，同じ情報集合に属する手番を区別することはできない。したがって，プレーヤ2が手番 n_3 で行動する場合，このプレーヤは情報集合 u_{21} で行動するということは認識できるが，手番 n_3 での行動なのか n_4 での行動なのかは認識することができない。図5.3と図5.4に示した展開型ゲームは，各手番が属す情報集合が省略されている。情報集合が省略された手番は，その手番一つのみからなる情報集合に属すものとする。

定義 5.11　　**完全情報**（perfect information）ゲームとは，すべての手番がたがいに異なる情報集合に属す展開型ゲームのことである。**不完全情報**（imperfect information）ゲームとは，二つ以上の手番が属す情報集合がある展開型ゲームのことである。

　情報分割により表現されたゲーム的状況の一例として，ジャンケンを**図5.5**に示す。ジャンケンは**同時手番ゲーム**（simultaneous game）の一種であり，プレーヤ1はプレーヤ2の行動を，またプレーヤ2はプレーヤ1の行動を見ずにおのおの行動する。プレーヤ2がプレーヤ1の行動を見ることができないというゲームの性質は，手番 n_2, n_3, n_4 が同じ情報集合 u_{21} に属すことにより表されている。プレーヤの行動は，各情報集合に対して行われる。プレーヤ2は手番 n_2, n_3, n_4 を区別することができないため，一方ではパーを出して他方ではグーを出すことができない。もし，手番 n_2 ではパー，n_3 ではグー，n_3 ではチョキを出すことができたならば，これはプレーヤ2が後出しすることを意味し，ジャンケンに必ず勝つことができる。

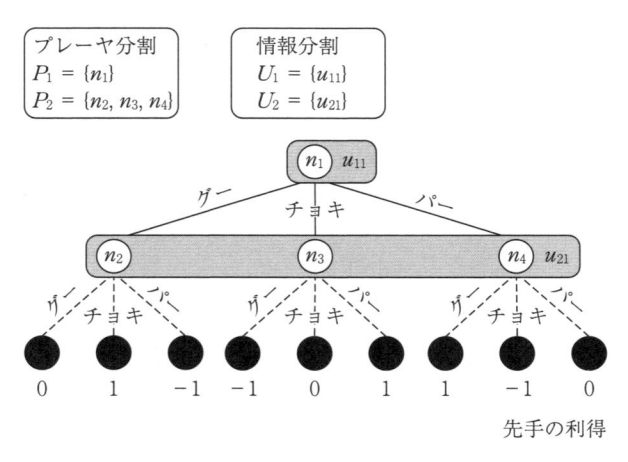

図5.5　展開型ゲームとして表現されたジャンケン（情報集合 u_{11} には手番 n_1 が，情報集合 u_{21} には手番 n_2, n_3, n_4 が属す）

　手番で行動するプレーヤは，情報集合を区別できるが手番の区別ができない。したがって，情報集合はつぎに述べる二つの性質をもつ。まず，同じ情報集合に属すどの手番も，とり得る行動の数が等しくなくてはならない。手番で行動するプレーヤは，可能な行動を知ることができる。これは，行動の数が異なる二つの手番をプレーヤが区別できることを意味する。**図5.6**（a）の展開型ゲームでは手番 n_2 と n_3 の行動の数はそれぞれ異なり，これらは異なる情報

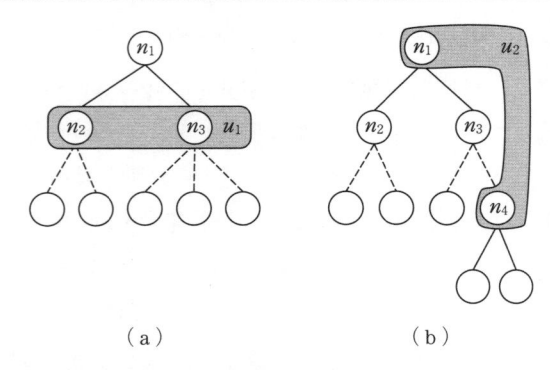

（a）   （b）

図 5.6　情報集合とはなり得ない手番集合 u_1 と u_2（プレーヤ
は，（a）行動の数の違いから手番 n_2 と n_3 を，（b）集合 u_2
を通過した回数から手番 n_1 と n_4 を区別することができる）

集合に属すべきである。さらに，どのようなゲームの進行も同じ情報集合を二
度通過してはならない。図（b）の展開型ゲームで手番 n_4 を通過するように
ゲームが進行した場合，手番集合 u_2 は二度訪問される。もし u_2 が情報集合な
らば，手番プレーヤは n_1 では一度目の u_2，手番 n_4 では二度目の u_2 を通過し
たことを認識でき，手番 n_1 と n_4 は区別可能である。

5.5　展開型ゲームの戦略と後ろ向き帰納法

　ある展開型ゲームは，偶然手番があれば期待利得を利得と考えることによ
り，戦略型ゲームとして表現することが可能である。プレーヤ i の純戦略と
は，U_i に属す情報集合すべておのおのに対する行動おのおのの組のことであ
る。図5.3の例ではプレーヤ1の純戦略は二つあって $S_1 = \{(a),(b)\}$，プレー
ヤ2の戦略は四つあって $S_2 = \{(c,e),(c,f),(d,e),(d,f)\}$ である。また，行動は
手番に対してではなく情報集合に対して決定される。このことから，図5.5
の例ではプレーヤ2の行動は情報集合 u_{21} に対して決定されるものであり，各
手番に対して行動を決定することは許されない。したがって，プレーヤ2の戦
略は三つのみで，$S_2 = \{(グー),(チョキ),(パー)\}$ となる。

枝の数が有限の完全情報ゲームの均衡戦略の一つは，原理的には，**後ろ向き帰納法**（backward induction）により求めることができる。この方法は，ゲームの終わり（終端節点）から始まり（根節点）のほうへ，ゲーム進行方向とは逆の順番で均衡戦略を構成していく。図5.3に示される完全情報ゲームを例にとり，後ろ向き帰納法を実行してみよう。まず，手番 n_2 を根節点とした n_2, n_4, n_5 の3節点からなる部分木を考える。プレーヤ2が行動 d をとるならば手番 n_2 では利得の組 $(5,9)$ が確定し，他の行動 c はプレーヤ2に得をもたらさない。同様にして，つぎに，プレーヤ2が行動 f をとるならば手番 n_3 では利得の組 $(5,8)$ が確定し，他の行動 e はプレーヤ2に得をもたらさない。これらのような行動がなされた上で，さらに，プレーヤ1が行動 b をとるならば手番 n_1 では利得の組 $(5,8)$ が確定し，行動 a はプレーヤ1に得をもたらさない。

このようにして求まった各プレーヤの戦略は，他プレーヤの戦略の組に対する最適応答になっていて，戦略の組 $((b),(d,f))$ は均衡点の一つである。このゲームを戦略型ゲームに書き直すと，戦略の組は全部で8通りあり，うち5組 $((a),(d,f)),((b),(c,e)),((b),(c,f)),((b),(d,e)),((b),(d,f))$ がパレート最適かつ均衡点，1組 $((a),(d,e))$ がパレート最適であることがわかる。

後ろ向き帰納法はプレーヤ数 N が3以上であっても実行可能である。また，偶然手番のある不確定ゲームでは，利得の代わりに期待利得を用いて，同様に後ろ向き帰納法により均衡点の一つを得ることができる。例えば，図5.4では n_3 の期待利得の組が $(19/3,16/3)$ であり，プレーヤ2が行動 d をとって n_2 の利得の組が $(5,9)$，プレーヤ1は行動 b をとることになり均衡点 $((b),(d))$ が得られた。

性質5.4　　枝の数が有限の完全情報ゲームは，純戦略の組として表される均衡点を一つ以上もつ。

6章　ミニマックスゲーム木 ▬▬▬▬
とその探索：三目並べ，オセロ，チェス，将棋

　1997 年にチェスの世界チャンピオンに勝った IBM のディープブルーは，ミニマックスゲーム木を探索して「次の一手」を思考していた。複数のプレーヤからなるゲームで行動を決定する人工知能の研究の中でも，ゲーム木とその探索に基づくアルゴリズム研究の歴史は古く，計算機科学黎明期のチューリング（A. Turing）やシャノン（C. Shannon）も，チェスを題材として人工知能の開発に挑戦していた。本章では，チェスや将棋のようなゲームの最適戦略を求めたり，これが求まらなくともできるかぎりよい手を選択したりするようなアルゴリズムを学ぶ。

6.1　ミニマックスゲーム木

　前章では，N 人完全情報ゲームの均衡点の一つが，ゲーム木の枝の数が有限であれば，原理的には後ろ向き帰納法により求まることを学んだ。求まる均衡点は，純戦略の組として構成される。本節では，このようなゲームの特殊な場合である，二人完全情報確定ゼロ和ゲームに焦点を絞って，最適戦略を求めるアルゴリズムを考える。オセロやチェス，将棋もこの種のゲームとして扱うことができる[†]。

　枝の数が有限な二人完全情報確定ゼロ和ゲームがもつ性質を考えよう。まず，この種のゲームは二人確定ゲームなので，偶然手番がなく純戦略の組に対して利得が決定論的に定まる。また，プレーヤは先手か後手のどちらかであ

[†]　これらのゲームを二人完全情報確定ゼロ和ゲームとして表現することがつねに適切とはかぎらない。例えば，コイントスや振り駒で先手・後手を決める過程も含めて一つのゲームと考えたい場合には，これは確定ゲームとはならない。また，あるトーナメントの予選最後の 1 ゲームで，引き分けた場合には先手・後手両方予選通過になるのであれば，これがゼロ和ゲームとも考え難い。

り，ゲームの進行は先手と後手の手番が交互につづくことにより形成される。ゲーム開始点で行動するプレーヤが先手，他方が後手である。一方のプレーヤが行動を2回以上連続で行うことがあるように見えるゲームでも，これらの連続した行動は，実質，ある一つの手番での一つの行動の選択と見なすことができるであろう。手番集合のプレーヤ分割は，他種の展開型ゲームと比較しても明確であるため，特に明記しない。

つぎに，二人完全情報確定ゼロ和ゲームは完全情報ゲームなので，各手番はそれぞれ異なる情報集合に属し，プレーヤは各手番に対して各個別々に意思決定することができる。各情報集合には手番が一つだけ属するため，前章に引きつづき本章でも情報集合の記述は省略する。

さらに，この種のゲームは二人ゼロ和で戦略集合が有限なので，均衡点はマックスミニ戦略とミニマックス戦略からなり，均衡点は鞍点でもある。均衡点が複数ある場合にもこれらに対応する利得はどれも等しく，均衡点がゲームの値を与える。

本章では，このような二人完全情報確定ゼロ和ゲームを扱い，利得を大きくしたいマックスプレーヤにとってはマックスミニ戦略を，一方，利得を小さくしたいミニマムプレーヤにとってはミニマックス戦略を最適戦略と呼ぶこととする。以降，特に断らないかぎり，根節点は先手番でゲーム進行の初めの分岐点に対応するとする。また，先手がマックスプレーヤ，後手がミニマムプレーヤとなるように二人ゼロ和ゲームの利得の符号を選ぶ。

この種の展開型ゲームを表現する木はミニプレーヤとマックスプレーヤの手番からなり，これを**ミニマックスゲーム木**（minimax game tree）と呼ぶ（**図6.1**）。ゲームの結果が先手勝ち・引分け・先手負けの3通りで利得はそれぞれ1，0，−1とするが，ゲームによっては勝敗以外のものを結果とすることもある。例えば，オセロのようなゲームでは，黒石と白石の数をゲームの結果と考えることもできる。このような場合には，黒石と白石の数の差がゼロ和ゲームの利得と考えることもできるであろう。木の各節点は根節点からの経路が一意に定まる。ミニマックスゲーム木では，この経路の長さのことを**深さ**と呼

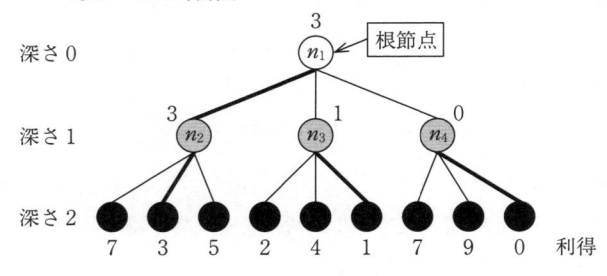

図 **6.1**　ミニマックス木

ぶ。本章ではこの深さを 0 から数えて，根節点の深さは 0 とする。図 6.1 の
木はどの終端節点も等しい深さをもつが，一般には終端節点の深さは異なる。

　図 6.1 に示されるミニマックスゲーム木の均衡点とゲームの値を，後ろ向
き帰納法により求めてみよう。この方法では，均衡点を深さ 1 から 0 の順番で
求めていく。まずは深さ 1 の節点の値を求める。ミニマムプレーヤは利得を小
さくしたいプレーヤなので，節点 n_2 の値は 3，n_3 の値は 1，n_4 の値は 0 とな
る。つぎに深さ 0 の節点の値を求める。マックスプレーヤは利得を大きくした
いプレーヤなので，節点 n_1 の値は 3 になる。図中の太線はこのようにして得
られた均衡点における両プレーヤの行動を表している。

　ミニマックスゲーム木の節点の値を，その節点のミニマックス値と呼ぶ（5
章の定義 5.9 b 参照）[†]。この値は，つぎのようにして形式的に書くことができ
る。終端節点 n の利得を Utility(n)，内部節点 n の子節点集合を Children(n)
とする。

[†]　節点 n を根とする部分木が表すゲームも二人ゼロ和ゲームであり，ミニマックス値
　　とマックスミニ値は等しい。したがって，ミニマックスとマックスミニ，どちらの
　　言葉を使ってもよさそうではあるが，前者を使うのが普通である。同様に，ミニ
　　マックスゲーム木のことをマックスミニゲーム木と呼ぶこともほとんどない。

定義 6.1　枝の数が有限のミニマックスゲーム木において，節点 n のミニマックス値 $\mathrm{Minimax}(n)$ は

$$
\mathrm{Minimax}(n) = \begin{cases} \mathrm{Utility}(n) & (n \text{ が終端節点}) \\ \max_{n_c \in \mathrm{Children}(n)} \mathrm{Minimax}(n_c) & (n \text{ がマックスプレーヤの手番}) \\ \min_{n_c \in \mathrm{Children}(n)} \mathrm{Minimax}(n_c) & (n \text{ がミニマムプレーヤの手番}) \end{cases}
$$

である。

6.2　ミニマックスゲーム木の深さ優先探索

図 6.2 に，ミニマックスゲーム木を探索するアルゴリズムを示す。Max-Value( )関数は「マックスプレーヤの手番」か「終端節点」である n を引数にとり，これのミニマックス値を返す関数である。また，Min-Value( )関数は「ミニマムプレーヤの手番」か「終端節点 n」を引数にとり，これのミニマックス値を返す関数である。5 行目の Max( ) は二つの引数の最大値を返す関数，12

```
01 function Max-Value(n) return ミニマックス値
02     if 節点 n が終端 then return Utility(n)
03     v ← −∞
04     for each n_c in Children(n) do
05         v ← Max(v, Min-Value(n_c))
06     return v
07
08 function Min-Value(n) return ミニマックス値
09     if 節点 n が終端 then return Utility(n)
10     v ← ∞
11     for each n_c in Children(n) do
12         v ← Min(v, Max-Value(n_c))
13     return v
```

図 6.2　再帰呼び出しを行い実行されるミニマックスゲーム木の深さ優先探索（変数 v の初期値 $\pm\infty$ は，例えば，利得としては決してあり得ないほど大きい（小さい）値をもって実装される）

行目の Min( ) は最小値を返す関数である。4 行目と 11 行目は，節点 n の子節点すべてを一つずつ n_c に代入しながら，インデントされた以降の行を繰り返し実行するループである。

はじめに，根節点 n_1 を引数にとる関数 Max-Value( ) が呼ばれる（**図 6.3**（a））。この関数は，マックスプレーヤの手番において，ミニマックス値の最も大きい子節点を探し，この値を返す。各子節点の値は 5 行目で Min-Value( ) 関数を呼ぶことにより得られる。図（b）は，これらの子節点の一つを

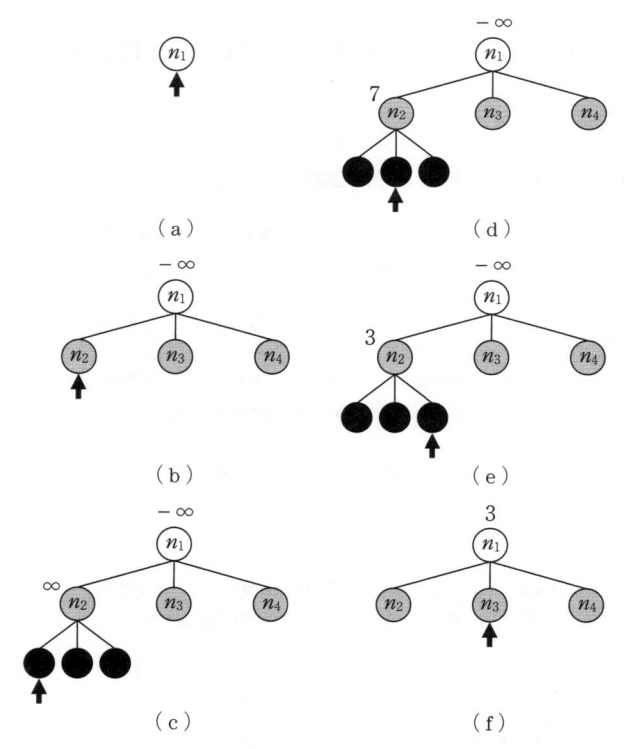

図（a）から図（f）の順番で矢印で指示された節点を引数として関数 Max-Value() と Min-Value() が交互に呼ばれる。節点に付された数は変数 v の値を示す

図 6.3　図 6.1 のミニマックス木を図 6.2 のアルゴリズムが深さ優先探索する様子

引数として関数 Min-Value( ) を呼んだとき，アルゴリズムが保持する子節点集合と変数 v の値を示す。同様に，関数 Min-Value( ) は，ミニマムプレーヤの手番において，ミニマックス値の最も小さい子節点を探し，この値を返す。

　以上のようにして，図 6.2 に示されるアルゴリズムは Max-Value( ) と Min-Value( ) 関数を再帰的に呼び合いながら，より深い節点へと一目散に探索していく（図 6.3（a）〜（c））。このようなアルゴリズムの動作の様子から，3章で解説した A^* 探索が最良優先探索と呼ばれるのに対し，図 6.2 に示されるアルゴリズムは**深さ優先探索**（depth-first search，**DFS**）と呼ばれる。深さ優先探索の長所は，探索する木よりも大分小さな記憶領域のみを使い動作することにある。図 6.3（e）にて節点 n_2 の子節点すべてが訪問済みとなり，つぎにアルゴリズムは，図（f）に示されるように節点 n_3 を訪問する。このとき，節点 n_2 以下の節点と変数 v が削除されていることに注意しよう。木の分岐数（枝分かれの数）の最大値を b，深さの最大値を d とするならば，このアルゴリズムが保持する節点の数は $bd+1$ 以下に抑えられる。

　本節で紹介した深さ優先探索では，記憶領域がゲーム木の大きさよりも十分小さく抑えられる。その一方で，計算時間はおおよそゲーム木の大きさに比例する。実際，Max-Value( ) 関数と Min-Value( ) 関数が呼ばれる回数は，探索する木の節点数に等しい。この節点数は $V_{\max} = b^d + b^{(d-1)} + \cdots + 1$ 以下であり，分岐数の最大値 b が十分大きければ，$V_{\max}$ は b^d 程度である。枝の数が有限であれば，このアルゴリズムはいずれ終了する。

6.3　ミニマックスゲーム木の $\alpha\beta$ 探索法

　本節では，前節の深さ優先探索を効率化する一手法を紹介する。図 6.3 の深さ優先探索は図（f）の後，節点 n_3 の変数 v に 2 の値を付ける（**図 6.4**）。この時点で，節点 n_3 の値は 2 以下になることが確定する。なぜならば，n_3 はミニマムプレーヤの手番であり，変数 v の値は図 6.2 の 12 行目の更新で大きくならないからである。同様にして，節点 n_1 のミニマックス値も 3 以上にな

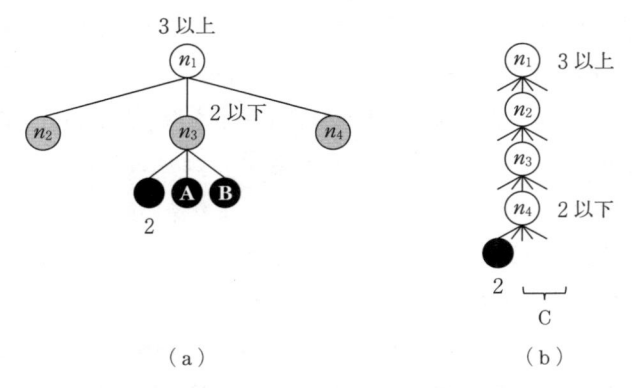

（a）   （b）

図6.4　図6.3（f）の後，節点 n_3 の値が2に更新された探索木（a）と探索中に節点 n_4 の値が2に更新された，あるゲーム木（b）（A, B, C に根がある部分木の探索は省略することが可能である。このようにして探索を部分的に省略することを，**木の枝刈り**という）

ることが確定している。したがって，節点 n_3 がマックスプレーヤの手番 n_1 の値を改善しないことは明らかであろう。根節点における「最適な行動の一つとミニマックス値」さえ求めればよいのであれば，節点 n_3 を根とする部分木をこれ以上探索する必要はない。

　このような考えを深さ3以上の探索に推し進めてみよう。図6.4（b）はある探索中のある時点におけるミニマックスゲーム木を表していて，節点 n_i は，i が奇数ならばマックスプレーヤ，偶数ならばミニマムプレーヤの手番である。これまでの探索によって，根節点 n_1 の値は3以上になることが確定している。そして，探索中に深さ3の節点 n_4 の子節点の一つの値が2であることが判明したとしよう。この場合も，図6.4（a）と同じく，節点 n_4 を根とする部分木をこれ以上探索する必要はない。なぜならば，根節点ですでに確定している3以上の値は，たとえゲームが n_1, n_2, n_3, n_4 と進行したとしても，改善されることがないからである。根節点における最適な行動の一つとミニマックス値さえ求めればよいのであれば，節点 n_4 の他の子節点をこれ以上探索する必要はない。

　$\alpha\beta$ 探索法は，図6.4に例示されたような方法で，探索する必要のない部分

木へつながる枝を刈る探索法である（**図6.5**）。図6.2に示される深さ優先探索との違いは，関数の引数に α と β が追加されたことと，6, 7, 15, 16 行目が追加されたことにある。ゲームの値を求めるためには，根節点 n_1 をマックスプレーヤの手番とし，1 行目で定義される関数を Max-Value$(n_1, -\infty, \infty)$ として呼ぶ。探索の効率化は，6 行目と 15 行目で子節点すべてに対して実行するループを途中で切り上げ，変数 v の値を返すことにより達成される。マックスプレーヤの手番では β が，ミニマムプレーヤの手番では α がループを打ち切る条件の閾値としての役割を果たす。ある節点 n におけるこれらの閾値は，根節点から n への経路上にある変数 v の値により更新され得る。この経路上のマックスプレーヤ手番の変数 v の最大値が α，ミニマムプレーヤ手番の変数 v の最小値が β に相当する。

```
01 function Max-Value(n, α, β) return 値
02    if 節点 n が終端 then return Utility(n)
03    v ← -∞
04    for each n_c in Children(n) do
05        v ← Max(v, Min-Value(n_c, α, β))
06        if v ≥ β then return v
07        if v > α then α ← v
08    return v
09
10 function Min-Value(n, α, β) return 値
11    if 節点 n が終端 then return Utility(n)
12    v ← ∞
13    for each n_c in Children(n) do
14        v ← Min(v, Max-Value(n_c, α, β))
15        if v ≤ α then return v
16        if v < β then β ← v
17    return v
```

図6.5 $\alpha\beta$ 探索法

あるミニマックスゲーム木において $\alpha\beta$ 探索法が求める値は，定義6.1のミニマックス値とどのような関係があるのだろうか。関数 $V(n, \alpha, \beta)$ の値を，節点 n がミニマムプレーヤの手番ならば Min-Value(n, α, β) の返り値，そうでなければ Max-Value(n, α, β) の返り値とする。関数 $V(n, \alpha, \beta)$ の値と定義6.1の

ミニマックス値 Minimax(n) には，つぎのような関係がある。

性質6.1   関数 $V(n,\alpha,\beta)$ の節点 n は枝の数が有限のミニマックスゲーム木の節点，引数 α と β は $\alpha < \beta$ を満たすとする。この関数の値は

・$V(n,\alpha,\beta) \leq \alpha$ ならば Minimax$(n) \leq V(n,\alpha,\beta)$

・$\alpha < V(n,\alpha,\beta) < \beta$ ならば Minimax$(n) = V(n,\alpha,\beta)$

・$V(n,\alpha,\beta) \geq \beta$ ならば Minimax$(n) \geq V(n,\alpha,\beta)$

の条件を満たす。

性質6.1 が成り立つことを図6.1のアルゴリズムを見ながら確認しよう。引数に指定した節点 n を根とする部分木を考える。この部分木の根節点 n から深さを数えて最大深さは $d_{\max}$ とする。深さ $d_{\max}$ の節点 n' は終端節点なので，2行目か11行目により関数が Utility(n') を返す。したがって，$V(n',\alpha,\beta)$ $=$ Minimax(n') であり，α と β の値によらず性質6.1は成り立つ。もし $d_{\max}=0$ ならば $n=n'$ であり，これで確認は終わりである。

つぎに，$0 < d_{\max}$ の場合において性質6.1が満たされることを，数学的帰納法を用いて確認しよう。すなわち，この部分木の深さ $d+1$（$0 \leq d < d_{\max}$）の節点は性質6.1を満たすことを仮定して，深さ d の節点 n' が性質6.1を満たすことを確認する。節点 n' が終端しているならば性質6.1が満たされることは明らかである。終端していないならば，これはマックスプレーヤかミニマムプレーヤの手番である。マックスプレーヤの手番 n' に関しては，以下の三つに場合分けをする。

（ⅰ） $\beta \leq V(n',\alpha,\beta)$ の場合，Max-Value 関数は6行目で $v = V(n',\alpha,\beta) = V(n_c',\alpha,\beta)$ の値を返したことになる。ここで，n' の子節点 n_c' の深さは $d+1$ であり，仮定より性質6.1が満たされるため $\beta \leq v$ なので，$v \leq$ Minimax(n_c') である。また，n' はマックスプレーヤの手番なので，定義6.1より Minimax$(n_c') \leq$ Minimax(n') が成り立つ。したがって，$V(n',\alpha,\beta)$ $\leq$ Minimax(n') が成り立つ。

（ⅱ） $V(n',\alpha,\beta) \leq \alpha < \beta$ の場合，Max-Value 関数は7行目の if 文の条件が一

度も真にならずに，8 行目で子節点すべての Min-Value 関数値の最大値
$v = V(n', \alpha, \beta)$ を返したことになる。また，定義 6.1 より Minimax(n') =
Minimax(n_c^*) を満たすような n' の子節点 n_c^* が存在し，$V(n_c^*, \alpha, \beta)$
$\leq v \leq \alpha$ である。ここで，仮定より子節点 n_c^* では性質 6.1 が満たされ
て $V(n_c^*, \alpha, \beta) \leq \alpha$ なので，Minimax$(n_c^*) \leq V(n_c^*, \alpha, \beta) \leq v$ である。つま
り，Minimax$(n') \leq V(n', \alpha, \beta)$ が成り立つ。

(iii)　$\alpha < V(n', \alpha, \beta) < \beta$ の場合，Max-Value 関数は 8 行目で子節点すべての
Min-Value 関数値の最大値 $v = V(n', \alpha, \beta)$ を返すことになる。5 行目で
$\alpha \leq \alpha' < v$ を満たすような α' を引数として $v = V(n_c^*, \alpha', \beta)$ となった子節
点 n_c^* が存在したことになり，仮定より性質 6.1 が満たされて
$\alpha' < v < \beta$ なので，Minimax$(n_c^*) = v$ である。さらに，$v < $ Minimax(a)
を満たすような n' の子節点 a が存在しなかったため，定義 6.1 より
Minimax$(n') = V(n', \alpha, \beta)$ が成り立つ。

ここまでで，深さ d のマックスプレーヤの手番 n' で性質 6.1 が満たされるこ
とが確認された。同様にして，深さ d のミニマムプレーヤの手番 n' で性質
6.1 が満たされることも確認される。

　$\alpha\beta$ 探索法がミニマックス探索を効率的に行う仕組みを，さらに詳しく分析
しよう。**図 6.6** にこのアルゴリズムが探索木の枝を刈る様子と，両プレーヤ
にとって最善の子節点をたどって得られる最善応手系列を示す。この木の分岐
数は 3 で深さが 4 なので終端節点は $3^4 = 81$ 個あるが，探索が終わるまでに実
際に訪問された終端節点はこれらのうち 17 個のみである。また，この探索が
終わり根節点に値が付くと，これまでに訪問された内部節点すべての一部は
PV，CUT，ALL の 3 種に分類される。最善応手系列によって到達するものは
PV 節点，PV 節点ではない PV 節点の子ならば CUT 節点，CUT 節点にて枝刈
りを引き起こした子ならば ALL 節点，ALL 節点の子ならば CUT 節点である。

　図 6.6 の例に示されるように，PV 節点と ALL 節点においては，子節点すべ
てが探索により訪問される。その一方で，CUT 節点においては，子節点すべ
てが訪問されるとはかぎらない。CUT 節点で訪問される子節点の数が少なけ

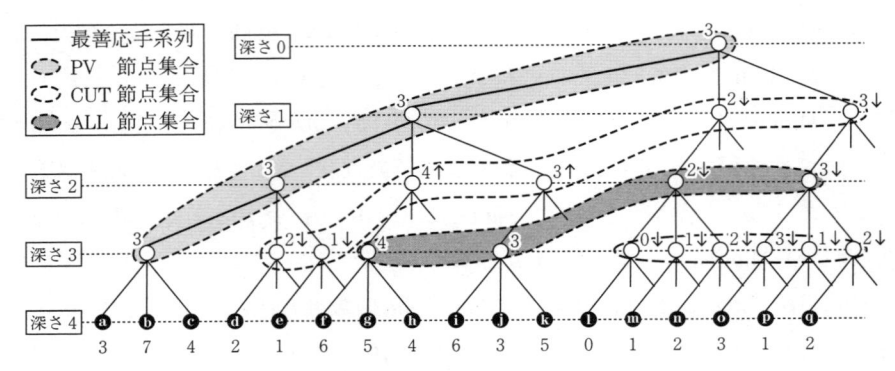

図 6.6 ミニマックスゲーム木（深さ 4, 分岐数 3）の $\alpha\beta$ 探索（黒丸は終端節点，白丸は内部節点（手番）を表す。探索で訪問されない節点は省略されている。内部節点に付された値は上（下）矢印があれば下（上）限である）

れば少ないほど，訪問される節点数は小さくなる傾向がある。このため，ある手番 n' から木を下る際には，複数ある n' の子節点のうち，できるだけよいものを選択すると探索が効率化される。この例では，どの CUT 節点もただ一つの子節点しか訪問されることのない，理想的な枝刈りがなされた例を示している。

探索効率化の観点から，根節点の α 値と β 値で指定される区間をできるかぎり狭く設定する方法も有効である。例えば，終端節点の利得が $-1, 0, 1$ の三値しかあり得ないことが探索する前からわかっている場合には，根節点 n_1 をマックスプレーヤの手番として，1 行目で定義される関数を Max-Value$(n_1, -1, 1)$ のようにして呼ぶ方法も考えられる。

最後に，$\alpha\beta$ 探索法の計算量について考察する。どの内部節点も分岐数が b, どの終端節点も深さが d のゲーム木を探索して，理想的な枝刈りがなされた場合，訪問される終端節点数は式 $b^{\lfloor d/2 \rfloor} + b^{\lceil d/2 \rceil} - 1$ により計算される[†]。図 6.6 の例でこの式を適用すると，第 1 項が終端節点 a,b,c,f,g,h,i,j,k を数え上げ，第 2 項が a,d,e,l,m,n,o,p,q を数え上げ，第 3 項が a の二重カウントを修正して，結果として 17 が得られる。分岐数 b が十分大きい場合，探索される節点

[†]   床関数 $\lfloor x \rfloor$ の値は実数 x 以下の最大の整数，天井関数 $\lceil x \rceil$ の値は x 以上の最小の整数である。

数は終端節点の数に支配されて，約 $b^{\lceil d/2\rceil}$ となる。6.2節の深さ優先探索では
これが約 b^d であることを考えると，$\alpha\beta$ 探索法が効率よく枝刈りをした場合に
はおおよそ同じ計算量で2倍深い木の探索が達成される。

6.4　AND/OR 木と証明数

　前節では6.2節のゲーム木探索を枝を刈って効率化する手法を紹介した。
本節では，終端節点の利得を0か1の二値に限定して，木探索を効率化する方
法を紹介する。本節で紹介する内容は，五目並べや詰将棋を解くための強力な
道具となり得る。

　終端節点の利得を二値に制限したミニマックスゲーム木は AND/OR 木と等
しい構造をもつ。**表 6.1** に示されるように，マックス手番の値は子節点すべ
ての値の論理和（OR）と等しく，ミニマム手番の値は子節点すべての値の論
理積（AND）と等しい。これらのようにして，ミニマックスゲーム木のマッ
クス（ミニマム）手番は，AND/OR 木の OR（AND）節点に対応する。AND/
OR 木では，どの内部節点の値も0（偽）か1（真）になる。このような性質

表 6.1　利得が1か0の値のみをとるミニマックスゲーム木と，論理和（OR）・積
（AND）との関係

（a）　ミニマックス値			（b）　論 理 値 表			
終端節点の利得	マックス手番 n	ミニマム手番 n	P	Q	$P \vee Q$（OR）	$P \wedge Q$（AND）
（木図: n, 1 1）	Minimax$(n)=1$	Minimax$(n)=1$	真	真	真	真
（木図: n, 1 0）	Minimax$(n)=1$	Minimax$(n)=0$	真	偽	真	偽
（木図: n, 0 0）	Minimax$(n)=0$	Minimax$(n)=0$	偽	偽	偽	偽

を利用すると，AND/OR 木の枝を，一般的なミニマックスゲーム木探索の場合よりも効率よく刈ることが可能である。OR 節点の値は 1 よりも大きくならないので，子節点の一つに 1 の値が付くと，他の子節点は探索不要である。一方，AND 節点の値は 0 よりも小さくならないので，子節点の一つに 0 の値が付くと，他の子節点は探索不要である。

　これらのようにして AND/OR 木の枝を刈り，OR（AND）節点 n の値を深さ優先探索により求めるためには，図 6.5 で定義される関数を Max(Min)-Value $(n, 0, 1)$ のようにして呼ぶとよい。どの節点の値も 0 か 1 であるということと性質 6.1 より，関数の返り値が 1 ならば Minimax$(n)=1$，0 ならば Minimax$(n)=0$ である。木の枝刈りは，OR（AND）節点の子節点の一つに 1（0）の値が付き，図 6.5 の 6（15）行目で return 文が呼ばれて達成される。

　AND/OR 木の探索は，枝刈りによる効率化に加えて，4 章の A* 探索のような最良優先型の探索を行うことにより，さらに効率的に行われうる。最良優先探索では，根節点から終端節点まで一直線に木を下っていくようなことはしないで，最も有力と思われる内部節点から順番に子を展開していく。終端節点まで木を一目散に下らないため，最良優先探索中には，通常，子節点の展開が保留された内部節点が多く保持される。4 章に習い，展開が保留されていて値不明の内部節点は先端節点，展開が済んだ内部節点は展開済み節点と呼ぼう（**図6.7**）。

　AND/OR 木の最良優先探索において，展開の優先順位が高く，有力な先端

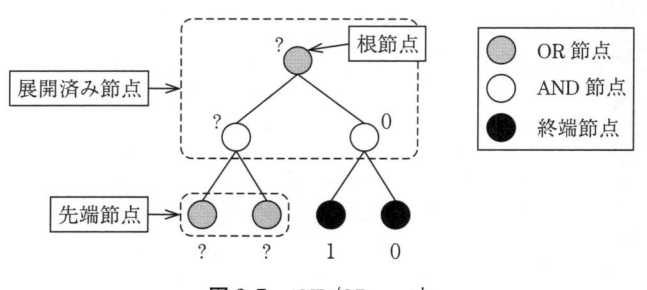

図 6.7　AND/OR　　木

節点とは一体どのようなものであろうか。**図 6.8** に途中まで最良優先探索を
進めた AND/OR 木を示す。この時点で a から h までの八つの節点が保持され
ていて，つぎに展開する先端節点は e, f, h のいずれかである。

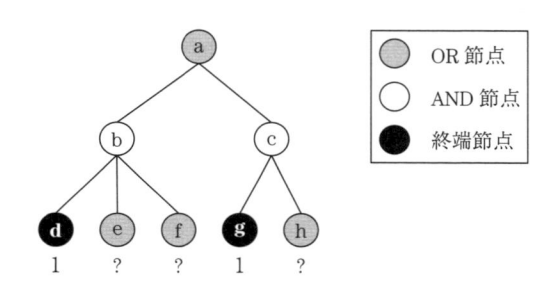

⬤	OR 節点
◯	AND 節点
●	終端節点

図 6.8 最良優先探索中の
AND/OR 木

これら先端節点の展開順序を分析する前に，いくつかの仮定を導入する。ま
ず，どの先端節点も値を求めるために要する労力の見当がつかないと見なす。
ここで，ある節点の値を求めるために要する労力とは，この節点を根とする部
分木から展開する節点数に比例するものとしよう。つぎに，どの先端節点も値
が 1 になるのか 0 になるのか見当がつかず，どれも等しい確率で 1 や 0 になる
と見なす。

図 6.8 の例では先端節点数は 3 であり，二値 3 個からなる組はすべてで 2^3
= 8 通りである。これらの組を次の四つの場合に分ける。

・場合 1　e, f, h すべて 1　（111, 1/8）

・場合 2　場合 1 以外で h の値が 1　（001, 011, 101, 3/8）

・場合 3　場合 1 以外で e と f の値が 1　（110, 1/8）

・場合 4　e か f が 0，かつ h が 0　（000, 010, 100, 3/8）

ここで，括弧内は先端節点 e, f, h の値が各場合に該当する組と確率を表す。

図 6.8 の根節点 a の値を決定するためには，h の展開を優先するのが得策で
ある。もし，先端節点の値が場合 2 と 4 に属するならば，h の値を確認せざる
を得ない。場合 1 に属する場合にも，先端節点 e と f 両方の値を確認する労力
よりも h のみ値を確認する労力のほうが少なくなる可能性が高く，h の展開を
優先するのが得策といえる。場合 3 に属する確率 1/8 の場合のみ，h の値は無

用であり，eかfの展開を優先するのが得策である。

　一般に，OR節点 n の値が1ならば，n を根とする部分木で値が1になるべき先端節点の組が1組以上ある。また，これらの中の一つの組の先端節点すべてが値1ならば，n の値は1である。先端節点の数が少ない組ほど，この組の先端節点すべてが1になる場合の数が多くなる。図6.8のOR節点aの値が1であることを確認するためには，(e, f)が値を確認すべき一つ目の組である。この組の先端節点すべてが1となる場合の数は2(110, 111)である。二つ目の組は(h)で場合の数が4(001, 011, 101, 111)である。

　その一方で，もしOR節点 n の値が0ならば，これらの組すべてに値が0になる先端節点がある。図6.8のOR節点aの値が0ならば，一つ目の組(e, f)のいずれかが0になり，二つ目の組(h)も0になる。

　同様にして，AND節点 n に値0を付けるために，値を知る必要がある先端節点の組が1組以上ある。もし，これらの中の一つの組の先端節点すべてが値0ならば，n の値は0である。その一方で，もしAND節点 n の値が1ならば，組すべてに値が1になる先端節点がある。

　AND/OR木の節点 n の値が1であることを明らかにすることを **n の証明**，0であることを明らかにすることを **n の反証** という。また，節点 n を証明するために証明の必要がある先端節点数の最小値を **n の証明数**，反証するために反証の必要がある先端節点数の最小値を **n の反証数** と呼ぶ。図6.8の例では，先端節点hが証明されるとOR節点aの証明が達成される。したがって，aの証明数は1である。また，少なくとも二つの先端節点（例えばeとh）が反証されると，OR節点aの反証が達成される。したがって，aの反証明数は2である。これらの値が小さいほど，証明および反証が容易であろう。証明数と反証数の両方に寄与する先端節点hは **最有力節点** と呼ばれ，この先端節点の展開を優先することが，探索の効率化につながる場合が多い。

　証明数や反証数は，ミニマックス値のように，先端および終端節点から根節点の方向に計算して数えることが可能である。

　まず，終端節点の証明および反証数を数える。利得1の終端節点は証明がす

でに済んでいて，この終端節点を根とする部分木にはこれ以上証明が必要な先端節点は存在しない。したがって，証明数は 0 である。同様に，この終端節点はどれだけ先端節点を反証しても反証できないと考え，反証数は形式的に∞と書く。同様にして，利得 0 の終端節点の証明数は∞，反証数は 0 である。

　つぎに，先端節点の証明および反証数を数える。先端節点の証明は，この節点自身を証明して達成される。したがって，証明数は 1 である。また，先端節点の反証も，この節点自身を反証して達成される。したがって，反証数も 1 である。

　つづいて，展開済み OR 節点の証明および反証数を数える。OR 節点の証明は，一つの子節点を証明して達成される。したがって，証明数は，複数ある子節点の証明数の最小値と等しい。また，OR 節点の反証は，すべての子節点を反証して達成される。したがって，反証数は子節点の反証数の総和と等しい。

　最後に，AND 節点の証明および反証数を数える。AND 節点の証明は，すべての子節点を証明して達成される。したがって，証明数は子節点の証明数の総和と等しい。また，AND 節点の反証は，一つの子節点を反証して達成される。したがって，反証数は子節点の反証数の最小値と等しい。

　節点 n の証明数を $\mathrm{Proof}(n)$，反証数を $\mathrm{Disproof}(n)$ と書いてまとめるとつぎのようになる。

$$
\mathrm{Proof}(n) = \begin{cases} 1 & \text{（先端節点）} \\ \infty(0) & \text{（n が利得 0(1) の終端節点）} \\ \displaystyle\min_{n_c \in \mathrm{Children}(n)} \mathrm{Proof}(n_c) & \text{（n が展開済み OR 節点）} \\ \displaystyle\sum_{n_c \in \mathrm{Children}(n)} \mathrm{Proof}(n_c) & \text{（n が展開済み AND 節点）} \end{cases}
$$

$$
\mathrm{Disproof}(n) = \begin{cases} 1 & \text{（先端節点）} \\ \infty(0) & \text{（n が利得 1(0) の終端節点）} \\ \displaystyle\min_{n_c \in \mathrm{Children}(n)} \mathrm{Disproof}(n_c) & \text{（n が展開済み AND 節点）} \\ \displaystyle\sum_{n_c \in \mathrm{Children}(n)} \mathrm{Disproof}(n_c) & \text{（n が展開済み OR 節点）} \end{cases}
$$

　内部節点 n の最有力節点は，n から先端節点の方向に木を下って求められ

る。なお，終端節点には最有力節点は存在しない。また，先端節点の最有力節点は，それ自身である。

　節点 n が展開済み OR 節点ならば，反証数計算で数え上げられた先端節点は，反証数が 0 でない（証明数が∞でない）どの子節点の部分木にもある。また，OR 節点 n の証明数計算で数え上げられた先端節点の組は，証明数が最小の子節点の部分木のみに含まれる。したがって，OR 節点の最有力節点は，証明数が最小の子節点を下って得られる。

　節点 n が展開済み AND 節点ならば，証明数計算で数え上げられた先端節点は，証明数が 0 でない（反証数が∞でない）どの子節点の部分木にもある。また，AND 節点 n の反証数計算で数え上げられた先端節点の組は，反証数が最小の子節点の部分木のみに含まれる。したがって，AND 節点の最有力節点は，反証数が最小の子節点を下って得られる。図 6.9 に，上記の手続きに従い証明数・反証数を数え上げた結果と，最有力節点を求めた結果を示す。

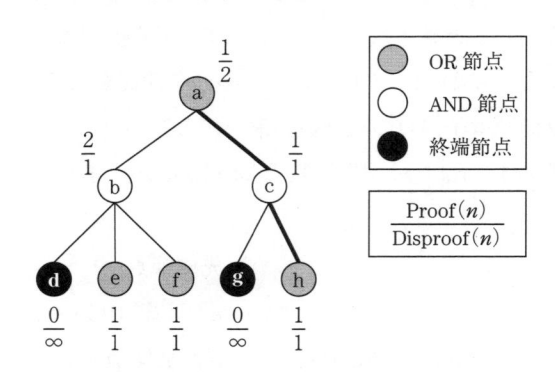

図 6.9　図 6.8 の AND/OR 木の証明数，反証数および最有力節点（各節点の証明数と反証数は分数の形式で表し，最有力節点への経路は太線で示す）

6.5　ミニマックスゲーム木のグラフ探索

　本節では，ミニマックスゲーム木の複数の節点を同一視して，探索空間を小

さくする効率化方法を紹介する。**図6.10**に示されるような，三目並べの異な
る二つのゲーム進行を考えよう。二つのミニマムプレーヤの節点FとF′は根
節点Aからの経路は異なるが，マルとバツの配置は同一である。したがって，
節点Fの値が求まったならばF′の値もこれと同じになり，根節点の値を求め
ることを目標とするならば，どちらか一方を根とする部分木は探索不要であ
る。

　図6.11に木の2節点を同一視して探索空間を小さくする例を示す。例示さ
れたゲーム木の節点eとe′は根節点aからの経路が異なる。しかし，終端節

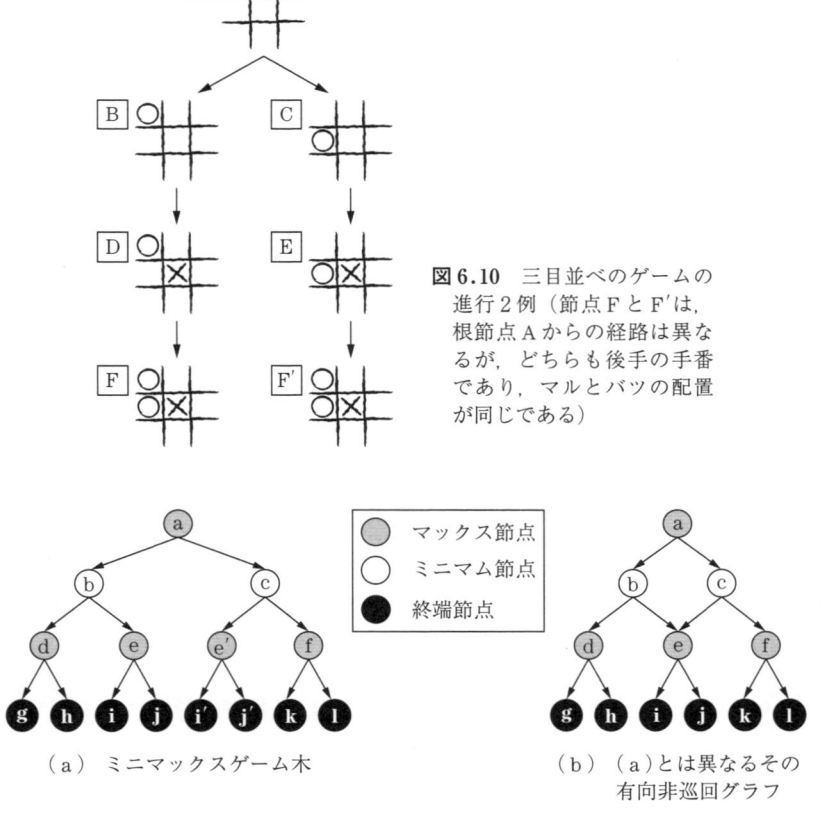

図6.10　三目並べのゲームの進行2例（節点FとF′は，根節点Aからの経路は異なるが，どちらも後手の手番であり，マルとバツの配置が同じである）

（a）　ミニマックスゲーム木　　　　（b）　（a）とは異なるその有向非巡回グラフ

図6.11　ミニマックスゲーム木と，ある有向非巡回グラフ

点 i と i′の利得が同じで，かつ終端節点 j と j′の利得も同じならば，2節点 e と e′は同じような性質をもつゲーム進行の分岐点であると見なすことができる。

　ゲーム木の節点とは，ゲーム進行の経緯も考慮して各個区別されるゲーム進行の分岐点であった。これと対照的に，ゲーム進行の経緯など，節点のもつ情報をある程度捨て，駒の配置などのいくつかのゲーム的状況の構成要素により区別されるゲーム進行の分岐点は，**ゲーム状態**（game state）と呼ばれる。図6.10 で手番プレーヤとマル・バツの配置に着目してゲーム状態を導入したならば，F と F′は同じゲーム状態に対応する。ミニマックスゲーム木の根節点から，ある節点への経路は一つしかなかった。しかし，ゲーム状態が同じ2節点を1節点にまとめたものは（図6.11（b）），木ではないグラフとなる[†]。

　図6.10 では，ゲームの進行方向を枝の向き（矢印）として表した。枝の両端を移動元と移動先のように区別したグラフは**有向グラフ**（directed graph）と呼ばれる。また，図6.11（b）は**閉路**（元に戻る経路，cycle）をもたない有向グラフである。このような**グラフ**は，**有向非巡回グラフ**（directed acyclic graph，**DAG**）と呼ばれる。ミニマックスゲーム木のいくつかの節点の組を同一視して DAG にしても，これまでと同様に後ろ向き帰納法により根節点のミニマックス値を求めることが，枝の数が有限であれば原理的には可能である。

　ミニマックスゲーム木の根節点の値を探索により求める際に，いくつかの節点をまとめてグラフとして探索空間を小さくした場合，閉路をつくるとミニマックス値が一意に定まらない節点が出現する点に注意すべきである。**図6.12**（a）のグラフは，節点 a と c が閉路を形成している。この例に示される節点 a と c の値は一意には定まらない。例えば，Minimax(a) = 1，Minimax(c) = 1 でも定義6.1 と矛盾せず，Minimax(a) = 3，Minimax(c) = 3 でも定義6.1 と矛盾しない。三目並べやオセロではゲームの進行に伴い駒の数が単調に増加

[†]　グラフとは，節点集合と，節点二つの間を連絡する枝の集合により構成されるものであった。また，木とは，任意の2節点間の経路が一意に定まるグラフである（ここで，枝の向きは区別しなかった）。したがって，木はグラフであるが，グラフは木とはかぎらない。

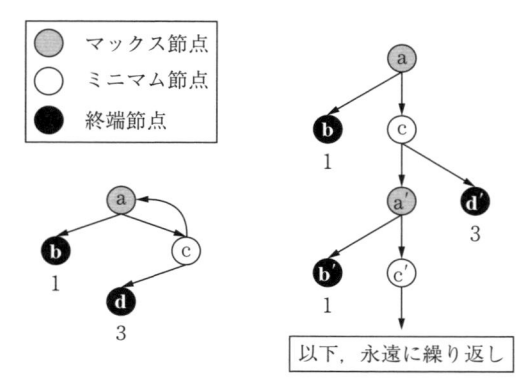

図 6.12 巡回のあるグラフを木として書き直した場合
（木は深さが有限ではなく，無数の枝と節点をもつ）

していくため，駒の配置と手番に対応したゲーム状態で構成したグラフには閉路は出現しないであろう。しかし，囲碁，将棋，チェスのようなゲームでは閉路が出現し得る。

最後に，木の異なる2節点が同じゲーム的状況の構成要素をもつことを検出するために有用な**ゾブリスト（Zoblist）ハッシュ**と呼ばれるアルゴリズムを紹介する。これは，囲碁，将棋，チェスなどでよく用いられる方法で，これによりゲーム的状況の構成要素の性質が同じであることを高速にテストすることが可能となる。具体例としては，三目並べの場合，例えば，升目の位置，手番プレーヤを構成要素，マル・バツ・空白と先手・後手がそれらの性質と見なすようなやり方が考えられる。

ゾブリストハッシュの値はつぎのようにして計算される。

$$\text{Zoblist hash value} = \text{Factor}_1[\text{Property}_1] \otimes \cdots \otimes \text{Factor}_N[\text{Property}_N]$$

ここで，i を各構成要素のインデックスとして，Factor_i はある M ビットの疑似乱数系列で初期化された配列，Property_i は構成要素 i の性質，$\otimes$ はビットごとの排他的論理和を表す。

ゲーム状態が同じならば，ゾブリストハッシュの値も同じである。その一方

で，ゾブリストハッシュの値が同じでも，ゲーム状態が同じとはかぎらない。異なる二つのゲーム状態に対して同じゾブリストハッシュ値が得られることを，ゾブリストハッシュ値の**衝突**と呼ぶ。現在の計算機では，囲碁・将棋・チェスでは探索で1秒当りに生成可能な節点数は億（$10^8 \approx 2^{27}$）程度であり，Mが64程度あれば計算中に衝突が起きることは非常にまれであろう。

6.6　ヒューリスティックミニマックス探索

前節までに述べた木探索法を用いると，二人完全情報確定ゼロ和ゲームのゲーム木の枝の数が有限であれば，いずれは最適戦略とゲームの値が求まる。しかし，このような方法を単に適用すると，各プレーヤに与えられる思考時間に制限があるようなゲームでは，問題が生じ得る。例えば，囲碁や将棋では，各プレーヤが1手当りに費やせる時間は大抵数分程度である。このようなゲームでは，現実的な時間でゲーム木の探索が完了することはまれであろう。探索を途中で打ち切り，正解ではないにしても，ある程度はもっともらしい意思決定を行う仕組みがときとして必要である。

本節で述べる探索法は**ヒューリスティック**（heuristic）な方法である。時間制限に起因する木探索の打切りに関して，妥当性を満足に説明する理論はおそらく存在しない。妥当性はむしろ，この方法を実際に使い，もっともらしい結果が得られることが多かったという経験的な知見により，説明されるとする。

探索を途中で打ち切るために，ゲーム木を終端するまで展開しきることを放棄し，利得の代わりに非終端節点の適当な**評価値**（evaluation value）を用いる探索を考えよう（**図 6.13**）。先端節点 d, e, f, g は終端していないため利得が不明ではあるが，適当な評価値は入手可能とする。この評価値は利得ではないが，これをあたかも利得であるかのように扱い，ミニマックス値のようなものを計算することができる。この値は**ヒューリスティックミニマックス値**と呼ばれ，以下のように形式的に表される。

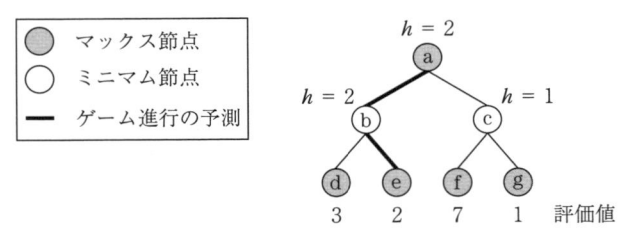

図 6.13　ヒューリスティックミニマックス探索（ヒューリス
ティックミニマックス値 h は先端節点 d, e, f, g の評価値から
得られる）

H–Minimax(n, d)

$$= \begin{cases} \text{Eval}(n) & (\text{Cutoff-Test}(n, d) \text{ が真}) \\[2mm] \max_{n_c \in \text{Children}(n)} \text{H–Minimax}(n_c, d+1) & \begin{pmatrix} \text{Cutoff-Test}(n, d) \text{ が偽，かつ} \\ n \text{ がマックスプレーヤの手番} \end{pmatrix} \\[2mm] \min_{n_c \in \text{Children}(n)} \text{H–Minimax}(n_c, d+1) & \begin{pmatrix} \text{Cutoff-Test}(n, d) \text{ が偽，かつ} \\ n \text{ がミニマムプレーヤの手番} \end{pmatrix} \end{cases}$$

ここで，Eval(n) は節点 n の適当な評価値を返す関数であり，**評価関数**（evaluation function）と呼ばれる。また，Cutoff-Test(n, d) はゲーム木の展開打切りを制御するブール値関数である。

　図 6.2 や図 6.5 に示される探索アルゴリズムでは，利得関数を Eval(n)，終端テストを Cutoff-Test(n, d) に置き換えると，ヒューリスティックミニマックス値が得られる。この際，Max-(Min-)Value 関数を再帰的に呼び出す度に木の深さを表すパラメータ d を一つずつ増やす必要がある。図 6.13 の例では，深さ 2 でゲーム木の展開が打ち切られている。このように，先端節点によらず一定の深さ 2 で展開を打ち切り，値を求めるためには，関数 Cutoff-Test(n, d) が $d \geqq 2$，もしくは n が終端節点ならば真を返すようにして，H–Minimax $(a, 0)$ を計算する。

　評価関数は，例えば，つぎのような線形重み和関数により構成される。

$$\text{Eval}(n) = w_1 f_1(n) + \cdots + w_M f_M(n)$$

ここで，$f_i(n)$ は節点 n の i 番目の特徴を表し，w_i は i 番目の特徴の重みである。特徴の総数 M がゲーム木の総節点数ほどあれば，この評価関数の表現力はほぼ完璧なものとなりえる。しかし，実際に構成される線形重み和関数は，総節点数よりはずっと少ない数の特徴をもつ。例えば，オセロならば，よく用いられる特徴は，黒（白）の隅の石の数，確定石の数，合法手の数などである。

7章 モンテカルロ法を用いた 強化学習：ブラックジャック

　強化学習（reinforcement learning）は，ある**環境**（environment）下に置かれた機械やプログラムの性能を向上させるための枠組みの一種である。この枠組みでは，性能の向上が，機械やプログラム（**エージェント**，agent）がなんらかの**仕事**（task）をこなすために思考錯誤しながら環境と相互作用する過程を通して，達成される。強化学習法はいくつも存在するが，本章では，それらの中でも基本的手法と思われる一般化方策反復を伴う開始点探査と**モンテカルロ法**（Monte-Carlo method）を紹介する。本章で題材とするゲームは**ブラックジャック**（Black Jack），別名，トゥエンティーワン（Twenty One）であり，強化学習法の解説もこのゲームにおけるモンテカルロ法に特化されている。一般的な強化学習法については，他書を参考にされたい。

7.1 強化学習概要

　図 7.1 に，強化学習におけるエージェントの試行錯誤の過程の一例を概念的に示す。エージェントがこなすタスクには，始まりの時刻 $t=0$ と終わりの時刻 $t=T$ があるとする。このように終わりのあるタスクは，**エピソード的タスク**（episodic task）と呼ばれる。また，時間の経過は離散的であるとして，各時刻を $t=0,1,...,T$ と表す。さらに，各時刻 t で**報酬**（reward）r_t が発生す

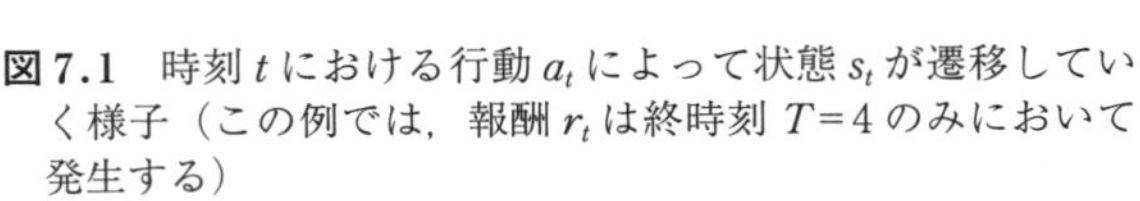

$$s_{t=0} \xrightarrow{a_{t=0}} s_{t=1} \xrightarrow{a_{t=1}} s_{t=2} \xrightarrow{a_{t=2}} s_{t=3} \xrightarrow{a_{t=3}} \begin{matrix} s_{t=T} \\ r_T \end{matrix}$$

　図 7.1　時刻 t における行動 a_t によって状態 s_t が遷移していく様子（この例では，報酬 r_t は終時刻 $T=4$ のみにおいて発生する）

る。報酬 r_t は数であり，エージェントの性能が向上するということは r_t の値が大きくなることだと考える。一般的には，報酬はどの時刻にも発生し得るが，本章では，ブラックジャックの勝敗が報酬に対応すると考えて，報酬は終時刻 T のみで発生すると考える。時刻 t においてエージェントが認識する状態を s_t，この状態においてエージェントのとり得る行動集合を $A(s_t)$ と書く。

　強化学習では，エージェントが環境に関して無知であることを仮定する。つまり，つぎの時刻における状態 s_{t+1} は，エージェントの知り得ぬ規則に従って環境内で決定され，エージェントにはその結果だけが通知されるという状況を仮定する（**図7.2**）。したがって，エージェントは，状態 s_t における行動 $a \in A(s_t)$ から，つぎの時刻における状態 s_{t+1} を自力で導く必要はない。同様にして，報酬の値 r_T も環境から通知されるものとする。

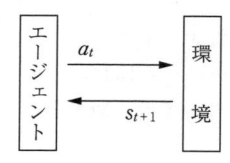

　エージェントが時刻 t の行動 a_t を環境に通知し，環境がつぎの時刻の状態 s_{t+1} をエージェントに 通知する。また，状態 s_{t+1} が終状態ならば，報酬 r_T もエージェントに通知する

図7.2　エージェントと環境の相互作用

　強化学習の応用範囲は広く，この枠組みはゲーム情報学においてもしばしば役に立つ。ゲームにおいて状態遷移規則や初期状態の分布を定式化して最適化や動的計画法を適用することは，通常困難であるが，環境に関する事前知識をほとんど要しない強化学習法では，それらのような定式化をする必要がない。実際，バックギャモンや囲碁において強化学習法の適応事例が見られる[†]。

　本章で題材とするゲームはブラックジャックである。このゲームは状態や行動集合の大きさが比較的小さく，最適戦略が古くから分析されていて，強化学習の原理を学習するのに適している。以降，エージェントはブラックジャック

[†]　本章の手法もコンピュータ囲碁で用いられている手法も，どちらもモンテカルロ法と呼ばれている。しかし，両手法は異なる手法である。ランダムな試行を用いてなにかを計算する手法には，とにかくモンテカルロ法という名前が付くことが多いようである

のプレーヤのこととする。

7.2　ブラックジャックとその基本ルール

　ブラックジャック（別名，トゥエンティーワン）はトランプを使用するカードゲームである。このゲームは，複数のプレーヤと1人のディーラによって行われる。各プレーヤはディーラと1対1の勝負を行い，ディーラは複数のプレーヤを一度に相手にする。ブラックジャックは，各プレーヤとディーラが，それぞれのもつ手札の合計点数を競うゲームで，この合計点数が21より大きくならないように21に近づけたほうが勝つゲームである。手札を構成するカードの点数は，2から10のカードはその数字と等しい点数，11から13のカードは10点として計算する。1（エース）の点数は特殊であり，1点と11点の2通りの点数をとり得る。エースを手札に含むプレーヤやディーラは，これら2通りの点数から，自身にとって都合がよい（勝つような）ほうの点数を選ぶことが許される。11点として計算しても手札の合計点数が21より大きくならない（手札がバスト[†]しない）エースは，利用可能なエースと呼ばれる。利用可能なエースがある手札はソフト，ない手札はハードと呼ばれる。ブラックジャックにはローカルルールが多数存在するが，まずは最も基本的と思われるローカルルールの一つを考える。本章では，これを基本ルールと呼ぶ。

　基本ルールでは1人のプレーヤと1人のディーラによってゲームが行われる。ゲーム開始時には，プレーヤの手札とディーラの手札はどちらも空である。開始直後に，プレーヤには2枚，ディーラには1枚の初期カードが配られて，各手札に追加される。なお，カードは，ゲームを通してすべて表向きに配られるとする（**図7.3**）。

　つぎに，プレーヤはスタンドかヒットの行動を選択する。スタンドを選択すると，プレーヤの手札とその合計点数は確定となり，これ以降，つぎのゲーム

[†]　カードの合計が22以上になること。

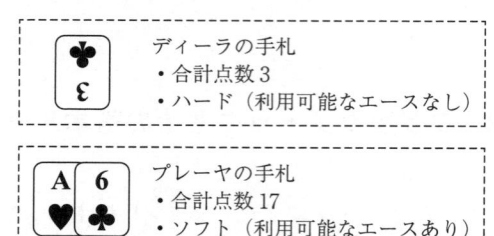

図7.3 初期カードを配り終えたゲーム状態例

までプレーヤが行動することはない。ヒットを選択した場合には，プレーヤに
1枚のカードが配られてプレーヤの手札にこれが追加され，さらにプレーヤは
再びスタンドかヒットの行動を選択する。つまり，初期カードを配った後の
ゲームの流れは，プレーヤが0回以上ヒットしたのちに1回スタンドし，プ
レーヤの手札とその合計点数を確定させるというものになる。このゲームの流
れには例外があり，プレーヤがバストしたときにはゲームがただちに終了し，
ディーラの手札の合計点数が未確定のままプレーヤの負けとなる。

　ゲームが終了することなくプレーヤがスタンドして，プレーヤの手札の合計
得点が確定した場合には，つぎにディーラの手札の合計得点を確定させる。
ディーラは固定戦略をとり，手札の合計点数が17以上になるまで，ディーラ
の手札にカードを配りつづける。ただし，ディーラの手札に利用可能なエース
があれば（11点として計算してもバストしないエースがあれば），これを11
点として計算する。ディーラがバストした場合，このゲームはただちに終了
し，プレーヤの勝ちとなる。ディーラが固定戦略をとる基本ルールは1人で遊
ぶゲームである。

　ゲームが終了することなく，プレーヤとディーラそれぞれの手札の合計点数
が確定した場合，これら合計点数を比較し，このゲームが終了する。合計点数
が高い手札をもつほうが勝ちとなり，等しい場合には引分けとなる（**図7.4**）。

　ゲーム終了直後に，プレーヤとディーラの間でチップのやり取りをする。プ
レーヤは勝つと一つチップを獲得，負けると一つチップを損失，引き分けると
チップのやり取りはない。

図 7.4　あるゲーム終状態（プレーヤは合計点数 17 でスタンド
し手札確定。ディーラは 19 で確定してプレーヤの負け）

　ゲームを通して，シャッフルマシンが排出するカードがプレーヤとディーラ
に配られるとする。基本ルールではゲームを単純化するために，このマシンに
二つの仮定を導入する。まず，配ったカードの数が増えるにつれて，つぎに配
られるカードの点数を予測することが可能になっていくようなことのない，理
想的なエンドレスシャッフルマシンの使用を仮定する。この仮定は，例えば，
このマシンには 52 枚からなるカード 1 セットが十分なセット数装填されてい
て，1 ゲームごとに使い終わったカードをこのマシンに戻すような状況で妥当
なものとなる。また，このマシンは完全なるシャッフル性能をもつとも仮定す
る。したがって，カード排出に統計的な偏りはなく，いつでも 1 から 13 の
カードが等確率（1/13）で配られる。

　さらに，プレーヤとディーラは十分な数のチップを所持すると仮定する。
チップが足りず，ゲームを開始できないという状況は考えない。

7.3　ゲーム状態，行動および報酬の表現

　基本ルールにおいて，図 7.1 に示されるような状態，行動集合，報酬は，
どのようにプログラムの内部で表現されるのだろうか。

　プレーヤが行動選択を行うときのゲーム状態を考えよう。プレーヤの知り得
るゲームの状態は，開始直後に配られる 1 枚のディーラのカード，プレーヤの
手札，それとチップの数からなるであろう。ところで，手札の具体的な構成

は，プレーヤの行動決定に影響を与えないと見なせる。例えば，手札の合計点数が7と10のカードからなる17点であろうが，1と7と9からなる17点であろうが，とにかくゲームの結果には違いが生じない。なぜならば，理想的なシャッフルマシンの仮定より，カード排出率はつねに一定であるからである。また，プレーヤの手札の合計点数が12点に満たないハードな手札からなる状態にも，われわれは興味がない。このような状態では，勝つことを目指すプレーヤがスタンドするのは不合理でヒットするよりなく，意思決定を伴う行動は実質行われないからである。同様にして，合計点数が21点の手札では必ずスタンドし，ヒットは選択しないとする。さらに，過去のゲームが現在のゲームの結果に影響を与えることもないと考え，チップの枚数がプレーヤの戦略に影響を与えることはないとする。

　ゲームが終了していない状態を表現するためには，ディーラの1枚のカードの点数，プレーヤの手札の合計点数，それとプレーヤの手札がソフトかハードかのみを考慮すれば十分である。ただし，手札の合計点数は，利用可能なエースが11点として計算されたものとする。ここで，利用可能なエースの数は，つねに0か1であることに注意する。ディーラの点数には2から11で10通り，プレーヤの手札の合計点数には12から20で9通り，ハードかソフトかの指定には2通りの場合が存在し，これらによりゲーム状態を表現する。

　以降，プレーヤが行動するときのゲーム進行中の状態集合を S_c，ゲームが終わったときの状態集合を S_e，ゲーム状態の集合を $S = S_c + S_e$ と表す。基本ルールにおいては，S は有限集合である。

　プレーヤの行動はヒット H とスタンド S により表現する。行動に選択の余地がないような状況（手札の合計得点が12に満たなかったり行動が終わったりしたような状況）を考慮しなければ，プレーヤの行動集合 A はゲーム状態に依存せず，$A = \{H, S\}$ と書ける。

　ゲーム進行（図7.1参照）を時刻 $t = 0, 1, ..., T$ により表現する。開始時刻 $t = 0$ では，3枚の初期カードが配られていて，さらに，プレーヤが手札の合計点数が12以上になるまでヒットしつづけたところまでゲームが進行したとす

る。以降，プレーヤが行動を選択するたびに時刻 t が 1 増加する。ゲーム終了までゲームが進行した時刻を $t = T$ とする。ここで，時刻 $t = 0$ でプレーヤの手札の合計点数が 21 であった場合にもゲームが終了することから，開始時刻が終時刻，すなわち $T = 0$ となるゲームも発生し得ることに注意する。また，プレーヤがヒットしつづけると，いずれ手札が合計 21 になるかバストするため，t は有限である。

　ブラックジャックの報酬 r_T は終状態 s_T から決定論的に定まるため，これを状態の関数と見なし，$r_T = r(s_T)$ と書く。値は終状態 s_T がプレーヤ勝ちの場合は 1，引分けの場合は 0，負けの場合は -1 とする。報酬 r_T の期待値が大きいゲーム状態はプレーヤにとって好ましい状態であり，プレーヤはこれが大きくなるように行動を選択する。

7.4　モンテカルロ法による方策評価

　基本ルールに従うゲームは，時刻 $t \geqq 0$ における状態 $s_t \in S_c$ において，プレーヤが行動 $a_t \in A$ を選択し，つぎの時刻での状態 $s_{t+1} \in S$ が決定されることにより進行する。ここで，ゲームは $s_0 a_0 s_1 a_1 ... a_{T-1} s_T$ のように進行して，各状態 s_t と行動 a_t は決定論的に定まるものではなく，ランダムな要因に影響を受けて定まる。

　状態 s_t が $s \in S_c$ と等しく，行動 a_t が $a \in A$ と等しい場合に，つぎの時刻の状態 s_{t+1} が $s' \in S$ へと遷移する確率 $P^a_{ss'}$ をつぎのように書く。

$$P^a_{ss'} = \mathrm{P}(s_{t+1} = s' \mid s_t = s, a_t = a)$$

ただし，$\mathrm{P}(A|B)$ は事象 B が起きた場合に，事象 A が起きる確率とする。ここで，基本ルールでは，状態の遷移規則が過去の状態や行動列に依存しないことに注意する。すなわち，このゲームの進行は**マルコフ決定過程**（Markov decision processes）であり，$\mathrm{P}(s_{t+1} = s' \mid s_t = s, a_t = a)$，$\mathrm{P}(s_{t+2} = s' \mid s_{t+1} = s, a_{t+1} = a)$，$\mathrm{P}(s_{t+2} = s' \mid s_{t+1} = s, a_{t+1} = a, s_t = s'', a_t = a'')$ はどれも等しい値で（ただし，$s'' \in S_c$ かつ $a'' \in A$），確率 $P^a_{ss'}$ は時刻 t に依存しない。

確率 $P_{ss'}^a$ を手計算で求めることは，一般に，困難である。例えば，基本ルールでは，ディーラの1枚目のカードが2でプレーヤの手札がハードで合計点数が18の場合に，プレーヤがスタンドした後，ディーラの固定戦略に基づいた手札確定の過程を経て，プレーヤが勝ちの終状態になる確率を求めることを考えよう。モンテカルロ法では，シャッフルマシンから排出されるカード列を疑似乱数系列により形成し，基本ルールに従うゲームの試行を多数回行うことにより，この確率を推定する。

プレーヤの決定論的な行動規則を**方策**（policy）関数 π により記述し，π は状態集合から行動集合への写像としよう。すなわち，状態 $s \in S_c$ におけるプレーヤの行動は $a = \pi(s)$ が成り立つような行動 $a \in A$ とする。

ここで，方策の優劣を定めるための指針となる，**価値**（value）の概念を導入する。各状態 $s \in S_c$ において**方策関数** $\pi(s)$ に従い行動するプレーヤを考える。状態 $s \in S$ においてプレーヤが将来獲得する報酬の期待値を状態 s の価値とし，これを**状態価値関数** $V^\pi(s)$ により表す[†]。終状態の価値は，未来の報酬獲得がないため0である。プレーヤは報酬の期待値をできるかぎり大きくしたい。ゲーム継続中の状態は報酬が確定しない。それでも，状態価値を推定して方策のよし悪しを判断することはできる。このようにして方策の価値を推定することは**方策評価**（policy evaluation）という。

状態価値 $V^\pi(s)$ は，ゲームが方策 $\pi(s)$ と確率 $P_{ss'}^a$ に従い進行するため，各状態 $s \in S_c$ において整合性条件

$$V^\pi(s) = \sum_{s' \in S_c} P_{ss'}^{\pi(s)} V^\pi(s') + \sum_{s' \in S_e} P_{ss'}^{\pi(s)} r(s')$$

を満たす。確率 $P_{ss'}^{\pi(s)}$ のすべての値が既知ならば，有限個の S_c の状態の状態価値が一意に定まると考えて，連立1次方程式として整合性条件を解くことができる。整合性条件はまた，右辺の価値 $V^\pi(s)$ を消して解くことができる。すな

[†]　基本ルールにおいて，報酬は終時刻にのみ発生するものであり，価値を将来獲得する報酬の期待値とした。もし複数の時刻で報酬が発生し得るならば，価値は将来獲得する報酬の総和の期待値と考えるのが適当である。

わち，時刻の最大値 $T_{\max}=18$ においてさらに進行するゲームが実現しないた
め[†]，どのような状態 $s^0,...,s^{T\max} \in S_c$ や行動 $a^0,...,a^{T\max-1} \in A$ に対しても $P_{s^0 s^1}^{a^0}$
$\times \cdots \times P_{s^{T\max-1} s^{T\max}}^{a^{T\max-1}}=0$ であり，左辺を右辺に $T_{\max}-1$ 回代入すると

$$V^\pi(s^0) = \sum_{s^1 \in S_c} \cdots \sum_{s^{T\max-1} \in S_c} \sum_{s^{T\max} \in S_e} P_{s^0 s^1}^{\pi(s^0)} \times \cdots \times P_{s^{T\max-1} s^{T\max}}^{\pi(s^{T\max-1})} r(s^{T\max})$$

$$+ \cdots$$

$$+ \sum_{s^1 \in S_c} \sum_{s^2 \in S_e} P_{s^0 s^1}^{\pi(s^0)} P_{s^1 s^2}^{\pi(s^1)} r(s^2)$$

$$+ \sum_{s^1 \in S_e} P_{s^0 s^1}^{\pi(s^0)} r(s^1) \tag{1}$$

が得られる。

　確率 $P_{ss'}^{\pi(s)}$ が未知の場合でも，ゲームの試行を多数回行うことが可能であれ
ば，モンテカルロ法により状態価値 $V^\pi(s)$ を推定することができる。これは，
例えば，方策 π に従うプレーヤが，各状態 $s \in S_c$ や行動 $a \in A$ を開始点とし
た人工的なゲームを多数回試行し，発生した報酬の標本平均を計算することに
より達成される。このようにして，ゲーム本来のものではない開始点を用いた
りして状態や行動すべてが探査される様子は，**開始点探査**（exploring starts）
と呼ばれる。

7.5　方　策　の　改　善

　プレーヤの方策を改善したい。そのために，まずは二つの方策関数，$\pi^{\mathrm{old}}(s)$
と $\pi^{\mathrm{new}}(s)$ の優劣関係について考える。状態 $s \in S_c$ すべてに対して $V^{\pi^{\mathrm{new}}}(s)=$
$V^{\pi^{\mathrm{old}}}(s)$ であるなら，方策は改善されなかったが悪くもならなかったと見なせ
るであろう。そうではない場合で，状態 $s \in S_c$ すべてに対して $V^{\pi^{\mathrm{new}}}(s) \geqq$
$V^{\pi^{\mathrm{old}}}(s)$ であるなら，方策は改善されたと見なされるであろう。このようにし

[†] 　時刻 $t=0$ でエース２枚をもち，ここからエースを８枚引き２を１枚引いてから再び
エースを９枚引くと，$T=18$ のゲーム進行が実現される。これ以上長くゲームをつ
づけるためには，数字の小さなカードを引かなければならないが，２の代わりに
エースを引くと $T=9$ でゲームが終わってしまう。

て，状態価値を用いて方策に順序のような性質が導入される。どのような方策関数よりもよいか等しい方策を**最適方策関数** $\pi^*(s)$，この方策が与える状態価値を**最適状態価値** $V^*(s)$ と呼ぶ。

前節の整合性条件のようにして，最適状態価値の方程式を立てることは，一応可能ではある。すなわち，最適状態価値は

$$V^*(s) = \max_{a \in A}\Big[\sum_{s' \in S_c} P^a_{ss'}V^*(s') + \sum_{s' \in S_e} P^a_{ss'}r(s') \Big]$$

を満たす。ゲームが有限時間ステップで終わるということと，状態集合 S と行動集合 A の要素数が有限であるということから，原理的には，後ろ向き帰納法により最適状態価値は求まる。しかし，この方程式を基本ゲームにおいて直接解くことは困難である。一般に，現実的な問題で $V^*(s)$ が上述のような方程式を解くことにより直接的に求まるようなことはまれであり，既存方策を少しずつ改善していくような反復法を実行することとなる。

方策を改善する反復法を記述するために，**行動価値関数**

$$Q^\pi(s, a) = \sum_{s' \in S_c} P^a_{ss'}V^\pi(s') + \sum_{s' \in S_e} P^a_{ss'}r(s')$$

を定義しよう。これは，状態 $s \in S_c$ にあるプレーヤが，行動 a をとった後に方策関数 $\pi(s)$ に従った場合の報酬の期待値を表す。前節の整合性条件より，各状態 $s \in S_c$ において $V^\pi(s) = Q^\pi(s, \pi(s))$ が成り立つ。

性質7.1　　基本ルールの二つの方策関数 $\pi^{\mathrm{old}}(s)$ と $\pi^{\mathrm{new}}(s)$ に関して，どのような状態 $s \in S_c$ に対しても $Q^{\pi^{\mathrm{old}}}(s, \pi^{\mathrm{new}}(s)) \geqq V^{\pi^{\mathrm{old}}}(s)$ が成り立つならば，以下の式も成り立つ。

$$V^{\pi^{\mathrm{new}}}(s) \geqq V^{\pi^{\mathrm{old}}}(s)$$

〔証明〕　どのような状態 $s^0 \in S_c$ に対しても $Q^{\pi^{\mathrm{old}}}(s^0, \pi^{\mathrm{new}}(s^0)) \geqq V^{\pi^{\mathrm{old}}}(s^0)$ ならば，行動価値関数の定義より条件

$$V^{\pi^{\mathrm{old}}}(s^0) \leqq \sum_{s' \in S_c} P^{\pi^{\mathrm{new}}(s^0)}_{s^0 s^1}V^{\pi^{\mathrm{old}}}(s^1) + \sum_{s' \in S_e} P^{\pi^{\mathrm{new}}(s^0)}_{s^0 s^1}r(s^1)$$

が満たされる。この条件右辺の価値関数 $V^\pi(s)$ に式（1）のように左辺を

つぎつぎと代入して整合性条件を適応すると

$$V^{\pi^{\text{old}}}(s^0) \leqq \sum_{s^1 \in S_c} \cdots \sum_{s^{T_{\max}-1} \in S_c} \sum_{s^{T_{\max}} \in S_e} P^{\pi^{\text{new}(s^0)}}_{s^0 s^1} \times \cdots \times P^{\pi^{\text{new}(s^{T_{\max}-1})}}_{s^{T_{\max}-1} s^{T_{\max}}} r(s^{T_{\max}})$$

$$+ \cdots$$

$$+ \sum_{s^1 \in S_c} \sum_{s^2 \in S_e} P^{\pi^{\text{new}(s^0)}}_{s^0 s^1} P^{\pi^{\text{new}(s^1)}}_{s^1 s^2} r(s^2)$$

$$+ \sum_{s^1 \in S_c} P^{\pi^{\text{new}(s^0)}}_{s^0 s^1} r(s^1)$$

$$= V^{\pi^{\text{new}}}(s^0)$$

が得られる。 □

この性質は，**方策改善定理**の特殊形になっている。

ある方策関数 $\pi^{\text{old}}(s)$ とその行動価値関数 $Q^{\pi^{\text{old}}}(s,a)$ が与えられたとしよう。方策改善定理は，各状態 $s \in S_c$ で $Q^{\pi^{\text{old}}}(s,a)$ が最大となるような行動 a を選択する方策は，$\pi^{\text{old}}(s)$ よりよいか同じであるということを保証する。すなわち，新しい方策関数 $\pi^{\text{new}}(s)$ を

$$\pi^{\text{new}}(s) = \arg\max_{a \in A} Q^{\pi^{\text{old}}}(s,a)$$

とすると，$V^{\pi^{\text{old}}}(s) = Q^{\pi^{\text{old}}}(s, \pi^{\text{old}}(s)) \leqq Q^{\pi^{\text{old}}}(s, \pi^{\text{new}}(s))$ が満たされる。ここで $\arg\max_{x} f(x)$ は，$f(x)$ を最大にする x を与えるとする。このようにして，行動価値を最大にするような方策関数を，**グリーディ方策**と呼ぶ。グリーディ方策が以前の方策 $\pi^{\text{old}}(s)$ を改善しない場合，すなわち状態 $s \in S_c$ すべてに対して

$$V^{\pi^{\text{old}}}(s) = \max_{a \in A} Q^{\pi^{\text{old}}}(s, a) = \max_{a \in A} \left[\sum_{s' \in S_c} P^a_{ss'} V^{\pi^{\text{old}}}(s') + \sum_{s' \in S_c} P^a_{ss'} r(s') \right]$$

が満たされるならば，$V^{\pi^{\text{old}}}(s)$ は最適価値関数 $V^*(s)$ に他ならない。

方策改善定理を利用して，基本ルールの最適状態価値を与えるプレーヤの最適方策を計算することができる。初期方策 $\pi^1(s)$ を用いて行動価値関数 $Q^{\pi^1}(s, a)$ の値をモンテカルロ法で推定し，よりよいグリーディ方策関数 $\pi^2(s)$ を得ることができたのであれば，つづいて $\pi^2(s)$ を用いて，よりよい方策関数 $\pi^3(s)$ を得ることもできるであろう。基本ルールにおいては，状態の数や行動と，こ

れらに結び付けられている行動価値の数，また終時刻 T が有限なので，価値
の推定が正確ならば，このようにしてプレーヤの方策改善を繰り返すと，いず
れは最適価値を与える最適方策にたどり着くはずである（**図 7.5**）。

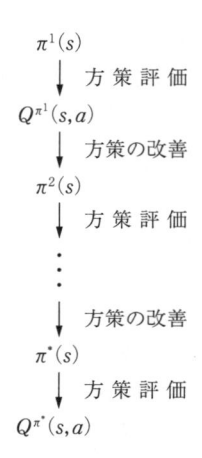

図 7.5　一般化方策反復（generalized policy iteration, **GPI**）（方策評価（価値の推定）と方策改善を繰り返し，最適行動価値を得る）

表 7.1　プレーヤとディーラの手札に対するプレーヤの最適行動（可能な行動はヒット（H）とスタンド（S）の 2 通り）

		ディーラの手札								
	2	3	4	5	6	7	8	9	10	A
12 (ハード)	H	H	S	S	S	H	H	H	H	H
13	S	S	S	S	S	H	H	H	H	H
14	S	S	S	S	S	H	H	H	H	H
15	S	S	S	S	S	H	H	H	H	H
16	S	S	S	S	S	H	H	H	H	H
17	S	S	S	S	S	S	S	S	S	S
18	S	S	S	S	S	S	S	S	S	S
19	S	S	S	S	S	S	S	S	S	S
20	S	S	S	S	S	S	S	S	S	S
12 (ソフト)	H	H	H	H	H	H	H	H	H	H
13	H	H	H	H	H	H	H	H	H	H
14	H	H	H	H	H	H	H	H	H	H
15	H	H	H	H	H	H	H	H	H	H
16	H	H	H	H	H	H	H	H	H	H
17	H	H	H	H	H	H	H	H	H	H
18	S	S	S	S	S	S	S	H	H	H
19	S	S	S	S	S	S	S	S	S	S
20	S	S	S	S	S	S	S	S	S	S

（プレーヤの手札（ハード），プレーヤの手札（ソフト））

表 7.1 にモンテカルロ法による価値推定と方策改善を繰り返して得られた
最適方策を示す。行動価値は，すべての状態 $s \in S_c$ と行動 $a \in A$ の組 (s, a) で
開始点探査し，各組に対してゲームを 1 千万回試行して報酬 r_T の標本平均を
とることにより推定した。ゲームの試行回数が限られているため，行動価値の
推定値には誤差がつくが，方策の改善を 10 回以上繰り返してもグリーディ方
策が変わらないことを確認して計算を打ち切った。プレーヤが最適方策に従っ
た場合，基本ルールの控除率（％）は 4.6 ± 0.1 であった。**控除率**とは，運
営側（基本ルールではディーラ側）が取得する金額の割合のことであり，プ
レーヤの賭け金の総額に控除率を掛けたものが運営者の儲けの期待値となる。

第Ⅱ部の引用・参考文献

4章

1) Felner, A., Korf, R.E. and Hanan, S. : Additive Pattern Database Heuristics, Journal of Artificial Intelligence Research, **22**, pp. 279-318 (2004)

2) Hansson, O., Mayer, A. and Yung, M. : Criticizing Solutions to Relaxed Models Yields Powerful Admissible Heuristics, Information Science, **63**, 3, pp. 207-227 (1992)

3) Russell, S. and Norvig, P. : Artificial Intelligence : A Modern Approach (3rd Ed.), Prentice Hall (2009)

5章

1) 岡田　章：ゲーム理論 新版，有斐閣（2011）

2) 渡辺隆裕：ゼミナール ゲーム理論入門，日本経済新聞出版社（2008）

6章

1) Allis, L.V., van der Meulen, M. and van den Herik, H.J. : Proof-Number Search, Artificial Intelligence, **66**, 1, pp. 91-124 (1994)

2) Buro, M. : Improving Heuristic Mini-Max Search by Supervised Learning,, Artificial Intelligence, **134**, 1-2, pp. 85-99 (2002)

3) Kishimoto, A., Winands, M., Müller, M. and Saito, J.-T. : Game-Tree Search using Proof Numbers: The First Twenty Years, ICGA Journal, **35**, 3, pp. 131-156, (2012)

4) Knuth, D.E. and Moore, R.W. : An Analysis of Alpha-Beta Pruning, Artificial Intelligence, **6**, pp. 293-326 (1975)

5) Zobrist, A. : A New Hashing Method with Aplication for Game Playing, Technical Report 88, Computer Science Department, University of Wisconsin (1970)

6) 小谷善行，岸本章宏，柴原一友，鈴木　豪：ゲーム計算メカニズム（コンピュータ数学シリーズ7），コロナ社（2010）

7章

1) Sutton, R.S. and Barto, A.G. : Reinforcement Learning: An Introduction, A Bradford Book (1998)

2) Sutton, R.S. and Barto, A.G.（三上貞芳・皆川雅章 共訳）：強化学習，森北出版（2000）

3) Thorp, E.O.：Beat the Dealer: A Winning Strategy for the Game of Twenty-One, Vintage Books（1996）

4) 美添一樹，山下　宏，松原　仁：コンピュータ囲碁 ―モンテカルロ法の理論と実践―，共立出版（2012）

第Ⅲ部　デジタルゲームへの応用

〈プロローグ〉

　デジタルゲームとは，コンピュータ上で行うゲームの総称である。これは，テレビゲームと呼ばれたり，携帯ゲームと呼ばれたりし，また教育ゲームやシリアスゲーム，位置ゲームも含む。デジタルゲームでは，一般に思考ゲームといわれる１手を深く追求していく，人工知能が誕生以来取り組んできたゲームも含むが，さらにアクションゲームといわれる，ゲーム内の世界において，キャラクターを操作してクリアしていく形のゲームについても扱う。連続時間，連続空間のゲームである。もちろん分解能には限りがあるので，もちろん完全な連続ではないが，人間の感覚からするとゲーム内で時間も空間も連続に感じられるゲームである。そこでは，思考ゲームとは異なる人工知能の課題がたくさん現れる。ここでは，デジタルゲームにおいて，どんな問題があり，それに対してどのような技術が構築されてきたかについて解説する。また，デジタルゲームの人工知能は，単に人間のプレーヤに勝つだけではなく，プレーヤをいかに楽しませるかに重点が置かれる。デジタルゲームの人工知能は「エンタテーメントとしての人工知能」でもあるのである。

8章　ゲ　ー　ム　AI ▬▬▬▬▬▬
：アクションゲームとボードゲームの比較

　将棋，囲碁といったボードゲームを題材に，ゲーム情報学が展開されてきた。ここで一つトーンを変えて，デジタルゲームの世界に足を踏み入れてみよう。デジタルゲームにもさまざまな種類のゲームがある。ロールプレイン

グゲーム，リアルタイムストラテジーゲーム，パズルゲーム，シューティングゲーム，などである。ここでは，デジタルゲームの中でも，2D や 3D 空間を動き回るアクションゲームを特に取り上げてみよう。2D/3D アクションゲームは，デジタルゲームのほとんどのエッセンスを含んでいるからである。アクションゲームの最も有名な例は，例えば「スーパーマリオブラザーズ」（任天堂，1985）や「アンチャーテッド黄金刀と消えた船団」（SIE，Naughty Dog，2009）などを想像してもらえるとよいだろう。自由な空間の中で，そのゲーム特有の物理法則に従ってプレーする。そこでデジタルゲームにおける人工知能はリアルタイムかつインタラクティブに，身体をもったキャラクターを動かすことが特徴である。また，キャラクター AI，キャラクターの行動を俯瞰視点からコントロールするメタ AI，そしてキャラクター AI とメタ AI のために環境認識を支えるナビゲーション AI，の三つの AI が協調しながら一つのデジタルゲーム AI のシステムをつくり上げていく。本章では，デジタルゲーム AI の全体像を紹介していく。

8.1　デジタルゲームの原理

　ここで簡単にアクションゲームのつくり方について解説しておく。アクションゲームの人工知能を理解する上で，アクションゲームがどのように動いているかを理解することが重要だからである。ここで説明することは，他のデジタルゲームでも基本的に同様である。

　デジタルゲームは，画面を 1 秒間に 30 回，あるいは 60 回更新する。1 画面を**フレーム**といって，1 秒間に 30 フレーム，60 フレームという。例えば，プレーヤが走りながら A ボタン（ジャンプボタン）を押したとき，右上のベクトルが発生するが，これを 1 フレームごとに分割して，例えば簡単に 30 分の 1 に分割して徐々に足し合わせていく（**図 8.1**）。秒速 3 m であれば，10 cm を 1 フレームごとに足し合わせる。もちろん重力があれば，それも 30 分の 1 秒の間の加速度として足し合わせる。このようにキャラクターやマップ上のオブジェクトのすべてが移動する。プレーヤの場合はプレーヤ操作が，プレーヤ以外のプレーヤ（ノンプレーヤキャラクター，NPC）の場合は人工知能が，オブ

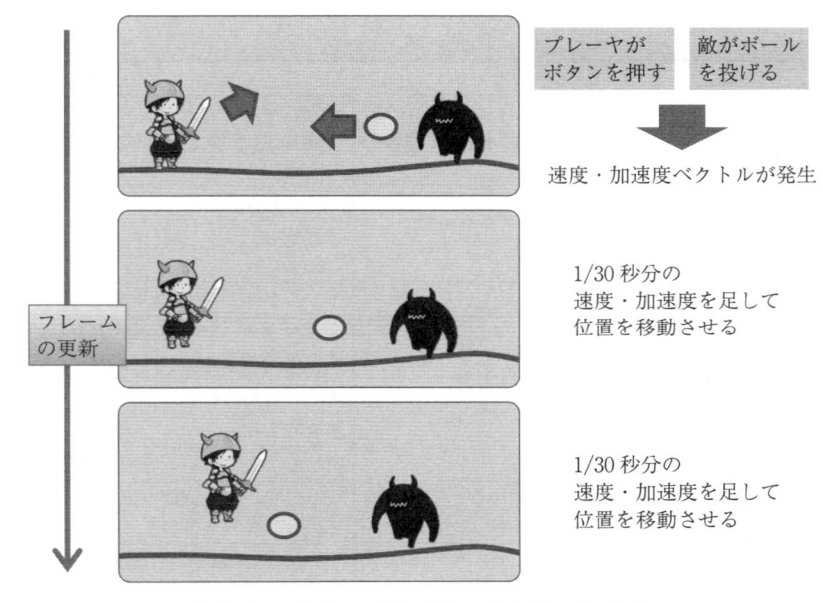

プレーヤが
ボタンを押す

敵がボール
を投げる

速度・加速度ベクトルが発生

1/30 秒分の
速度・加速度を足して
位置を移動させる

1/30 秒分の
速度・加速度を足して
位置を移動させる

フレーム
の更新

図 8.1 アクションゲームはいかに動いているか

ジェクト（物）の場合はなにかの衝撃が，それぞれの運動を駆動し，物理シ
ミュレーションの中で運動が展開される。

8.2 ボードゲームとデジタルゲームの人工知能の違い

　もちろん，デジタルゲームにおいても，これまでこの本で学んできたことの
多くが共通に通用する。しかし相違点もあり，それはデジタルゲームの本質と
深い関わりをもっている（**表8.1**）。これをまず説明しておこう。
　人工知能はつねに時間と空間に着目する。この二つの中の運動が人工知能の
特性を決めていく。まずボードゲームの空間は離散空間である。空間がグリッ
ドやマスに分割されている。一方で，デジタルゲームは連続空間である。平原
や坂道やお城など，ゲームの中に世界が構築されている。デジタルゲームでは
こういった世界のことを**レベルデザイン**という。ゲームのための空間，障害

表 8.1 ボードゲームとアクションゲームの人工知能の違い

	ボードゲーム	アクションゲーム
ゲーム	すでにある（AI はゲームの外にある。将棋の中に AI は含まれない）	開発当初はゲームがない（ゲームと一緒に AI をつくる＝AI はゲームの一部）
ステージ（空間）	盤の目・離散的	3 次元地形・連続
時　間	ターン	連続時間（リアルタイム，1/30, 1/60 s）
登場人物	駒	キャラクター/モンスター
AI	将棋の差し手としての AI	キャラクターのブレーン/ゲーム全体を操作する AI（メタ AI）
ゲーム表現	ゲームツリー	ゲームの知識表現
状　況	離散的変化	連続的変化
AI の目的	勝利/楽しませる	楽しませる。ゲームを成立させる。
ゲームのつながり	厳密にすべての手がつながっていない（ツリー検索が有効）	一定時間，一定区間で区切れる。ランダムな要素も多い
何をつくるか？	賢い AI，面白い AI	ユーザの主観的体験（UX）のため。AI そのものが目的ではない。

物，キャラクターの配置，運動を意味する言葉であり。**レベル**とは難易度のことではなく，かつてゲームの一面，二面，…のことを，レベル 1，レベル 2 などと呼んでいたことに起因している。レベルをデザインすることをレベルデザインという。これは**ゲームデザイン**の一種である。アクションゲームのキャラクターの人工知能の最初の課題は，このレベルデザインの中で空間をうまく用いた移動・運動を可能にすることである。これは人間であれば当り前にできると思われることだが，キャラクター（人工知能）に行わせることは，とても複雑で難解な問題を含んでいることは，ロボットをつくっている研究者と，ゲーム AI をつくっている開発者が最もよく直面する課題である。

　つぎに時間に着目しよう。ボードゲームの時間は離散的である。つまりターン制のゲームがほとんどである。つまり相手や自分が交互の手を打ち，考えている間ゲームは静止している。一方で，デジタルゲームの時間は連続的に流れる。正確にいうと，前述したとおり 1 秒間に 30 フレーム，あるいは 60 フレームが標準なので（このフレーム数だとゲーム内のキャラクターやオブジェクト

運動がなめらかに見えることが知られている），1/30 秒，1/60 秒を単位として微小な時間の間の運動を記述する。これは人間には連続といってよい時間である。映像では 1/24 秒が 1 コマになるが，ゲームはインタラクティブなので，少なくても 1/24 秒より短い更新が必要とされる。

　このように，ほとんどのボードゲームは「離散空間，離散時間」，デジタルゲーム（アクションゲーム）は「連続空間，連続時間」という違いがある。つまり，これまでの章では，暗黙のうちにゲームを離散空間，離散時間の中の人工知能を扱ってきたのだが，アクションゲームのように「連続時間，連続空間」になると，前章までに習った，例えばゲームツリーや位置評価関数が無限の点，無限の時間の要素を含むようになり，そのままでは使えなくなるわけである。つまり「ゲームの状態＝人工知能の考える状態」ではなくなってくるのある。それはちょうどロボットが現実の世界で現実そのものを捉えることはできなくて，立体の稜線だけを認識するなど，ある現実のある特徴だけに着目して認識するのと似ている。

8.3　知識表現・世界表現

　そこで，デジタルゲームでは，「ゲームの表現」が重要になる。これは人工知能がゲームの状態を認識できるように変換したデータ表現のことである。これをゲームの**知識表現**（knowledge representation，**KR**）をつくる，という。特に空間に関する知識表現を**世界表現**（world representation，**WR**）ともいう。

　知識表現は人工知能の最も基本的な技術である。これは，おそらくどんな人工知能の教科書でも最初に書いてあるだろう。しかし，実際，ボードゲームでそれを意識することは少ないかもしれない。盤面の表現がそのまま人工知能の考える土台となるからである。しかし，アクションゲームの人工知能では，キャラクターがデジタルゲーム世界そのものを理解することはできない。コンピュータは連続空間，連続時間の中で展開された無限の情報を捉えることがで

きないからである。そこで，デジタルゲームと人工知能の間にこの知識表現を
置くことによって，人工知能がゲーム世界を理解できるように助けるのである
（**図 8.2**）。

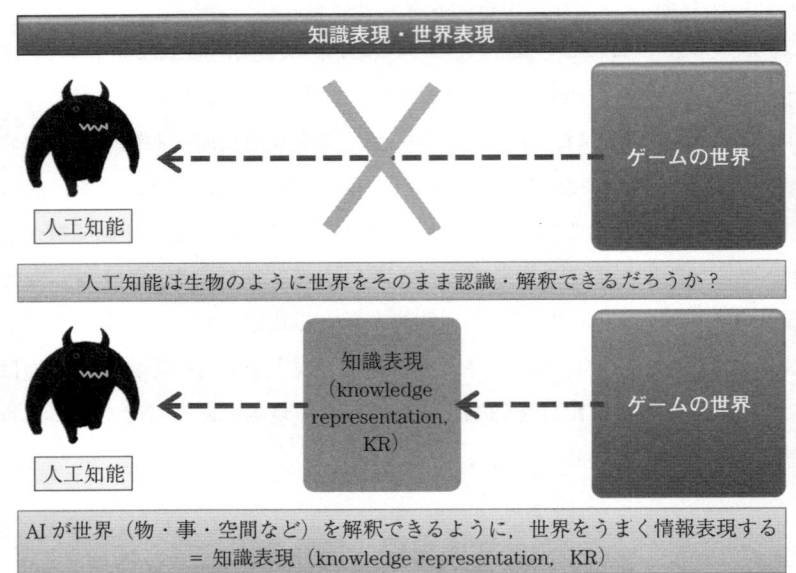

図 8.2 デジタルゲームのための知識表現

　ゲームキャラクターを賢くさせるには，思考ではなく，知識表現を充実させ
ることが重要である。知識表現の正確さと深さが，キャラクターの認識の正確
さと深さになる。したがって，知識表現をどんどん詳細にしていくことで，
キャラクターに，環境をより深く理解させることができるのである。

8.4　ゲ ー ム 表 現

　「ボードゲームのゲーム状態をいかに表現するか」という点においては，簡
単ではないが，最初の段階でそれほど悩まないかもしれない。ボードゲームは
そもそも盤面にある状態がきわめて整理された状態にあるからである。囲碁や

将棋の場合，盤面評価が重要になるのは，ゲームの知識表現が盤面と持ち駒，持ち石などの表現で完結することができるからである。またカードゲームでも持ち札と場のカードで表現できる。したがって，ボードゲームもカードゲームも普段，ゲーム状態の知識表現について深く考えることは少ないかもしれないが，それはそれらの知識表現がゲーム状態とほぼ同義に扱えるという特性によるものである。しかし，それも一つの知識表現なのであって，ゲーム状態とゲームの知識表現は違うものであることを覚えておくとよい。

デジタルゲームにおいて知識表現は自明ではない。多様な地形，多数のオブジェクト，バリエーションに富んだ敵，自分の所持アイテムや能力など，絡み合うデータ群から，思考に必要な知識表現をつくる必要がある。それは重要な項目であると同時に，重要なゲーム AI 開発の作業工程の一つとして現れる。どのような知識表現をするか，まず設計し，実際にデータとして作成するワークフローを組む。通常，この工程は複数の AI 開発者にわたり，全体の AI 作成作業の5〜6割を占めることになる。その上にあらゆるゲームのための人工知能がつくられていく。知識表現は，いわばゲームにおける人工知能の基礎をつくっているといってもよいだろう。しかし，いきなりそのような「足場の基礎工事」の話をしても面食らってしまうかもしれないので，10.2 節以降を読んでから 10.1 節を読んでも大丈夫である。

8.5　キャラクターの行動表現

囲碁や将棋では手のことを英語で move という。もちろん，move の原義は，本来は兵や武器を移動するという意味である。囲碁や将棋は，これを見立てて move（移動する）という単語を使っているのである。つまり駒の位置を変えることが盤上で許された唯一のアクションとなる。なので，ボードゲームのアクションはとてもシンプルな表現である。これもまた知識表現であることを覚えておかなければならない。抽象度が高いボードゲームは世界のみならず，アクションもまたそれに応じて簡潔に表現されている。人工知能をつくるとき

も，それが知識表現と気づかないくらい，「アクション＝手を決める（move）」とするのが人工知能の意思決定であるようになっている。

アクションゲームの場合，事情は異なる。ジャンプして，ブロックを蹴ったり，キックして敵を倒したり，魔法を放って敵を足止めしたり，連続的な時間の中で，時間にわたるアクションを行い，またそのアクションの影響も世界に多重に広がっていく。なので，キャラクターの意思決定は

自分が（あるいは他人に命令する）	who
なにに対して（ターゲット決定）	what
どのようなアクションを	action
どのように（どのような強さで）	how
どこで	where
どのタイミングで	when
どのような目的で（必須ではない）	why

を決める必要がある。例えば，「自分が，敵ボスに対して，魔法を撃つ，強く，丘の上で，間合いが 7 m 以内になった時点で，足止めするために」のようなことを決めるわけである。こういった意思決定は中央集権的に一つの人工知能モジュールが決める場合もあるが，複数のプロセスに分かれているのが普通である。つまり，なにをするかを決定する意思決定モジュール，ターゲット決定するターゲットモジュールなど，機能ごとに小さな人工知能をつくって，後で集約する。また一度決定した後に，ポストプロセス的に変更が入る場合がある。例えば魔法を撃つ前に，「敵の攻撃を避ける」というアクションが割り込む，という具合である。このような意思決定は，毎フレーム行うこともあれば，数フレームおき，特定のイベントが起こったとき，あるいは意思決定プロセスが終わるごと，などに行うこともある。ゲーム自体は 30 フレーム，60 フレームで動くので，それと同期する方式が一番単純だが，しかしそんなに頻繁に意思決定を行うと，行動の頑強性（ロバストネス）に影響するので，意思決定は非同期に動作させることもある。意思決定については 9 章で詳しく見ていこう。ここではボードゲームの意思決定との違いを理解してもらえれば大丈夫

である。

8.6　デジタルゲーム AI の全体像

デジタルゲーム AI の歴史は，デジタルゲームの歴史と同じく 40 年近い歴史があるが，歴史的変遷を経て徐々に構造化されてきた。これからも発展し，形を変えていくと思うが，ここでは現在の最先端の構造を解説する。

デジタルゲームにおける人工知能は 3 種類あり，それらが協調して一つのシステムを実現する。こういったシステムを**分散協調人工知能システム**という。3 種類はそれぞれキャラクター AI，メタ AI，ナビゲーション AI である（**図 8.3**）。

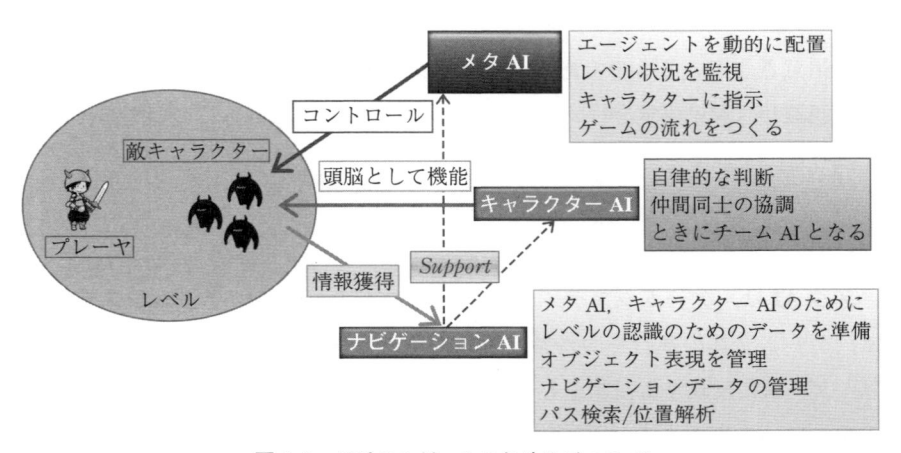

図 8.3　デジタルゲームにおける三つの AI

ボードゲームの AI とは，ボードゲームのプレーヤの代わりとなる人工知能である。つまり人間の代わりにゲームをプレーする人工知能である。しかし，アクションゲームで人工知能といった場合には，主にアクションゲームを成り立たせるための人工知能を指す。すなわちゲームの中に登場するキャラクターの知能であり，ゲーム全体の進行を管理するメタ AI であったり，会話のための人工知能だったりする。つまり，デジタルゲームの人工知能とは，デジタル

ゲームを構成する要素としての人工知能なのである。もちろん，ときにプレーヤの代わりとなる人工知能をつくる場合もある。例えば，対戦ゲームで相手のプレーヤがいない場合に相手になったりする場合である。格闘ゲームの人工知能はほぼこれがすべてとなる。しかし，ここでは大多数のデジタルゲームの人工知能，すなわちゲーム内部で機能する人工知能について解説する。

8.6.1　キャラクター AI

キャラクター AI とはゲーム内で登場するプレーヤが操作する以外のキャラクター（**ノンプレーヤキャラクター**，**NPC**）の知能である。ゲームのキャラクターにはそれぞれ役割と設定がある。役割とは，敵だとか味方だとか，プレーヤの足止めをする，体力を削る，などのことである。一方，設定とは，足が速いとか，力が強いとか，必殺技がこれだとか，といったデータとして明示的に用意されているものである。キャラクター AI は，それぞれの局面で，状況を認識し，意思決定を行い，身体を動かしていく。これらについては，詳しくは 9 章で説明する。

8.6.2　メ　タ　AI

メタ AI は，ゲームシステムが知能化したものである。**ゲームシステム**とは，ゲーム全体の進行をつかさどるシステムである。ユーザの入力を受け付け，ゲームに反映する役割をもつ。つまり，現実世界の中で，ゲーム世界を包み混んでいる層である。かつて，メタ AI は，自動レベル（難易度）調整機能を果たす人工知能であった。つまり，ユーザのスキルに応じて，ゲームの難易度を変更する。例えば，「ゼビウス」（ナムコ，1980）は空中に出現する敵の順番が決まっており，弱い敵から徐々に強い敵になっていく。自機がやられるたびに敵出現テーブルが巻き戻り，弱い敵からやり直しになる。これによって強いユーザはどんどんと強い敵に当たり，弱いユーザは弱い敵に当たるようになる。

　一方，現代におけるメタ AI は，**AI ディレクター**とも呼ばれる。ディレク

ターとは，ここではキャラクターを役者，ゲームのステージを映画セットに見立てた，「映画監督」という比喩的な意味である。メタ AI はユーザのプレーを監視し，プレーヤログからユーザの緊張度を読み取る。緊張度は単位時間当りの撃破数や，周囲の敵の状況，衝突から計算する。この計算はもちろん 100 ％とはいかないが，実際にある程度合っているかどうかは，ゲーム開発中に脳波や 掌（てのひら）の発汗量，視線トラッキングの測定と符合することで裏づけを行う。メタ AI は，ユーザの緊張度が下がれば敵を生成し，閾値を超えれば，その後は生成をやめる。そして一定時間は，クーリング期間として敵を生成しない状態となり，その後ユーザの緊張度が下がっていると，再び敵を生成する（**図8.4**）。このように，現代のメタ AI は，人工的にユーザの緊張度を人工的にアップダウンさせる機能をもっており，その背景には「ゲームの面白さとはユーザが緊張と緩和を繰り返すことである」という思想がある。この技術を**適応型ペーシング**（adaptive pacing）という。つまりユーザの緊張度を見ながらゲームのペースをメタ AI がつくっていくのである。

またさらに詳細な機能として，生成する敵の種類はユーザのスキルに応じて変化する，というのがある。ユーザのログからユーザのスキルを想定するわけ

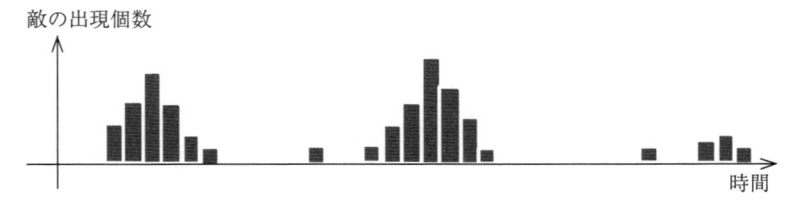

敵の出現個数

時間

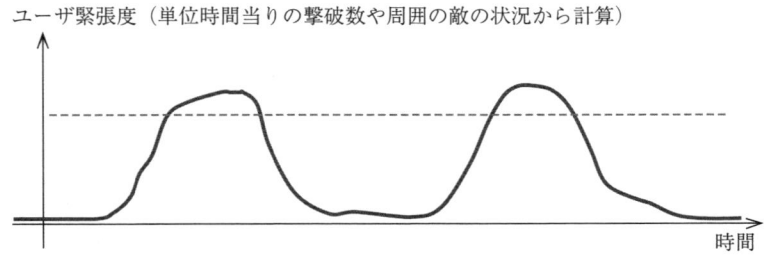

ユーザ緊張度（単位時間当りの撃破数や周囲の敵の状況から計算）

時間

図 8.4 敵の出現率をコントロールするメタ AI

である。その戦績に応じて，出現する敵の数の総数を決定し，またボス級の敵を何体まで出すかを決定する。また出現場所を決定するため，ユーザの位置からダンジョンの出口までのパスを検索して予測するということを行う。この予測されたパスを**ゴールデンパス**というが，このゴールデンパスの周囲でユーザから見えていない場所に敵を出現させるのである（**図 8.5**）。

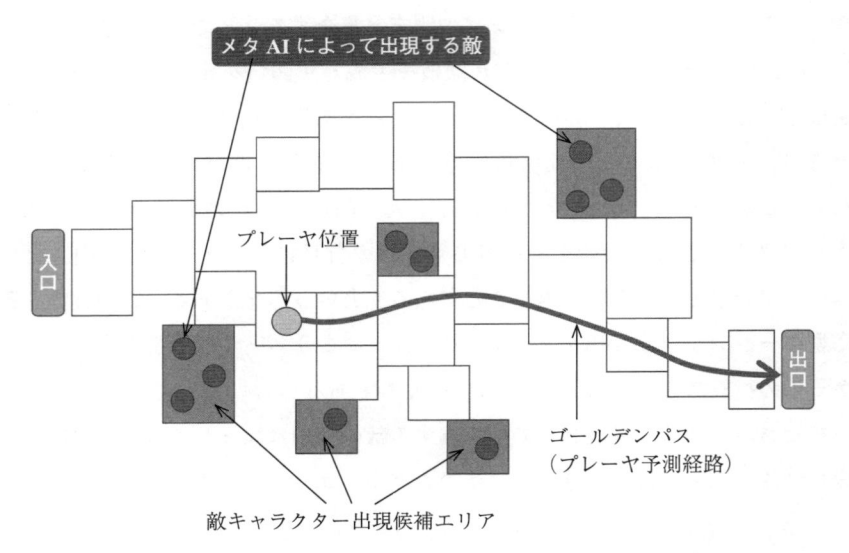

図 8.5　ゴールデンパスとメタ AI による敵出現エリアの選定

　ボードゲームはすべてのゲーム進行をユーザの操作が担う。その多くは対称ゲーム（盤面を挟んで向き合う）である。デジタルゲームはゲームの進行をコンピュータが行うようにし，対戦相手を人工知能とすることで非対称 1 人ゲームを実現した。デジタルゲームとはコンピュータが世界をつくり出し，人間がその世界に参加する。メタ AI は，その世界を動かすゲームシステムが知能をもち，ユーザを楽しませるように動的にゲーム世界を変化させるものである。簡単にいえば，それはゲームデザイナの知能をゲームシステムに埋め込んだ人工知能である。メタ AI として埋め込まれたゲームデザイナの知能は，ユーザを監視しながら，その場でゲームを変化させていくのである。

8.6.3　ナビゲーション AI

ナビゲーション AI とは，複雑な空間の中でキャラクターを目的地まで導くことをいう。例えば，複雑な森や，入り組んだダンジョンの中で入口から出口までの経路（パス）を示す。これは「カーナビ」とよく似ている。しかし原義はそうだが，実は歴史的な流れの中でナビゲーション AI は役割を広げ，地形全般に関わる認識を担当するようになっている。なので，**環境認識**（environ-ment awareness），**地形解析**（terrain analysis）をはじめ，動的な環境変化の認識を担当する。

　ゲーム内では地形およびその上にある建物や植物は破壊されることで変化していき，車や木箱もプレーヤキャラクターが動かし，敵キャラクターも移動しつづけるので，ナビゲーション AI には動的な環境認識が必要とされる。また，2012 年ごろから，経路だけでなく戦闘中などで自分の立ち位置を決定する**戦術位置検索システム**（tactical point system）という技術も広まっている。こちらは 11.4 節で詳しく説明する。

9章　キャラクターAI

キャラクターAIとは，ゲームキャラクターがもつ知能のことである。ゲームキャラクターは，ゲーム世界の中で，自分自身で世界を認識し，意思決定し，身体を動かす自律型知能へと発展してきた。ゲーム世界は広大かつ複雑になり，ゲームキャラクターは目標を与えれば，後は自分自身で考えて自律的に動くことが求められてきたのである。本章で紹介するのは，キャラクターAIの基本技術と，キャラクターAIを自律化するための基本的な技術的枠組みである。キャラクターAIはデジタルゲームAIの中心に位置し，他のさまざまな技術も，ここから派生するものが多くある。このように，キャラクターAIは，人工知能そのもののエッセンスが詰まった知能の本質へ迫ろうとする分野なのである。

9.1　エージェントアーキテクチャ

エージェントアーキテクチャ（agent architecture）は，キャラクターAIをつくるための枠組みである（**図9.1**）。元はロボット工学で培われた概念だが，2000年ごろから積極的にゲーム産業に取り込まれた。ロボット工学は現実世界の中の知能をつくり，キャラクターAIはデジタル世界の中の知能をつくるので，とてもよく似ているのである。実際，デジタルゲームAIの技術の半分は，ロボット工学から輸入した技術を発展させたものである。

エージェントアーキテクチャは世界と知能の関わりを規定する。エージェントとは，役割を与えられ人間の代わりにその役割を果たす人工知能をいう。ゲームのキャラクターを単にエージェントと呼ぶ場合もある。

エージェントアーキテクチャは三つの部品（モジュール）と一つの制約（与えられている役割）からなる。まず三つの部品とは

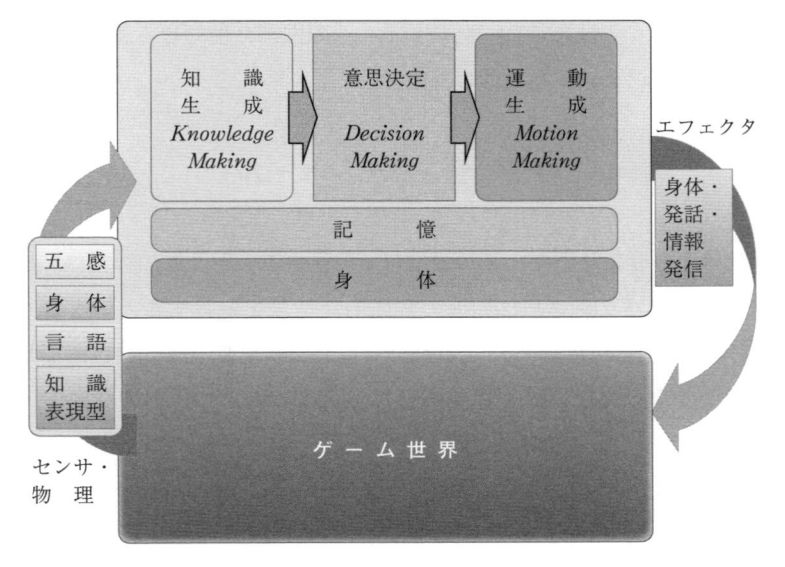

図 9.1 キャラクターのためのエージェントアーキテクチャとイン
フォメーションフロー（矢印）

> **セ ン サ** ＝ 世界から情報と刺激を集める感覚
> **知 能** ＝ 方針・目的・行動を決定
> **エフェクタ** ＝ 身体など世界に影響を及ぼせる実体

のことである。知能はさらに**知識生成**，**意思決定**，**運動生成**の三つのモジュー
ルに分割される。世界とこの五つのモジュールは，情報を「**ゲーム世界**」，「セ
ンサ」，「知識生成」，「意思決定」，「運動生成」，「エフェクタ」，そして再び
「ゲーム世界」のように円環をなして流していく。この情報の流れのことを**イ
ンフォメーションフロー**という。またこのように全体を部品に分け，それらを
組み上げてつくる方式を**モジュール型設計**という。モジュール型設計は，各モ
ジュールをある程度独立して実装できるため柔軟性と互換性に優れており，
ゲーム開発ではモジュール型設計が基本となる。

　ゲームではキャラクターに役割が与えられている。プレーヤの護衛であった

り，敵であったり，村人であったりする。その役割を果たせるように，その目的に沿って各モジュールを設計していく。

9.2 センサモジュール

まず世界から**センサモジュール**が情報を取得する。センサの役割は，機械のように受動的（パッシブ）に周囲の客観的な情報を取得するというよりは，「自分を中心とした生存・活動に必要な情報」を収集し，自分の行動を形成するために必要な世界を頭の中に組み上げることにある。人間の認知もそうだが，知能はまず収集した情報と刺激から自分を中心とした世界を頭の中に築き，その中で自分自身の行動を思考し，想像し，決定する。将棋や囲碁では，盤面を俯瞰的に見てプレーヤが動かすが，キャラクターAIとは，いわば盤上で各駒が自律的な知能をもち，自分の周囲のマスだけを認識して，自分の移動先を決定するようなものである。

9.3 知識生成モジュール

前述のとおり，知能は三つのモジュールに分かれる。まず「**知識生成モジュール**」（認識モジュール）である。センサが集めた情報から「自分を中心とした世界」を組み立てる。センサが集めた情報をそのまま使うわけではなく，情報から知識へと変換をする。このときの変換の型が知識表現でもある。例えば，センサは各瞬間に敵の位置，速度ベクトル，敵の強さを収集するが，認識はそれに加えて敵の脅威度，意図に変換する。脅威度とは，その敵の自分に対する脅威度である。例えば，遠ざかっていく強い敵と，近づいてくる弱い敵の脅威度は，後者のほうが高いかもしれない（**図 9.2**）。

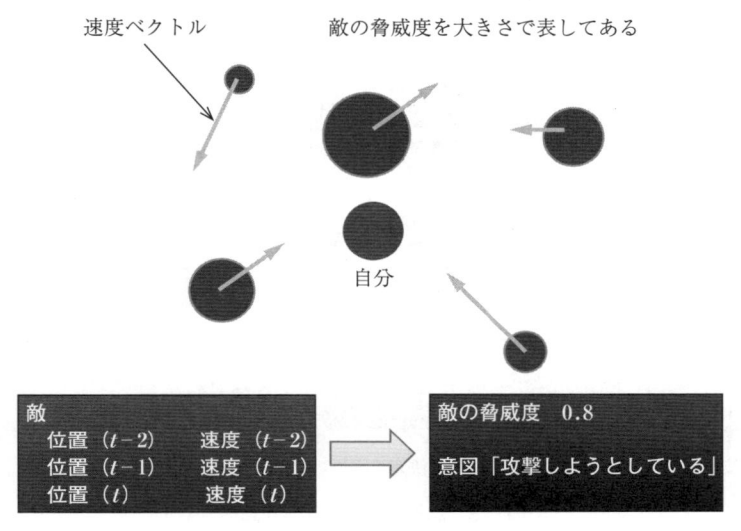

速度ベクトル   敵の脅威度を大きさで表してある

自分

敵	
位置 $(t-2)$	速度 $(t-2)$
位置 $(t-1)$	速度 $(t-1)$
位置 (t)	速度 (t)

敵の脅威度 0.8

意図「攻撃しようとしている」

図 9.2 敵の位置と速度の記憶から，敵の脅威度や意図を算出する

9.4 意思決定モジュール

　知能の第二のモジュールは，**意思決定モジュール**である。意思決定は，認識が構築した「自分を中心とした認識世界」から行動の方針を決定する。意思決定がなすのは，行動の詳細ではない。意思決定は世界から引き受けた情報から，世界へ向かって行為を展開する転換点である。それはいわば山の頂上のようなもので，山を登り切った（情報を解析しきった）頂点から，どちらの方向へ向かって山を降りるか（行動するか）を決定することである。前述の例でいえば，「どの敵を倒す」か，「どの方向に撤退する」か，「回復するために薬草を飲む」か，を決定する。将棋や囲碁でいえば，「手を決める」ことに相当する。

　意思決定のさらに内部は，たとえていえば参謀本部のようなもので，たくさんの参謀を抱えている。大方針は意思決定アルゴリズムが決めるが，実際の身体的運動へ具現化するために必要な詳細は，さまざまなモジュールの力を借り

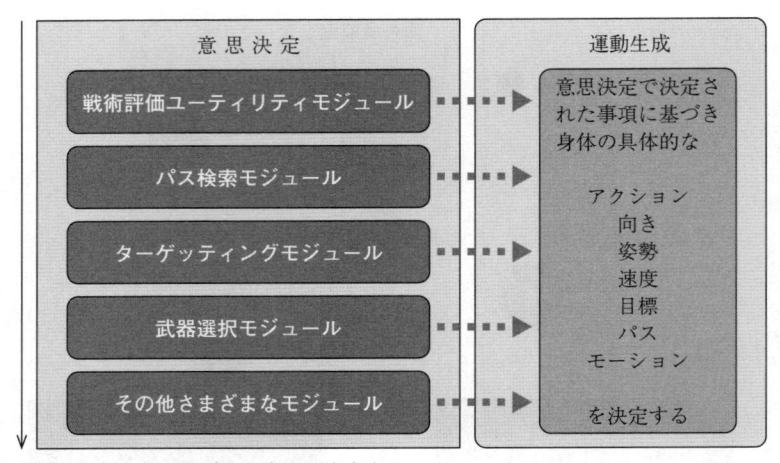

さまざまなものをさまざまな次元で決定する

図9.3 意思決定から身体運動へ

て形成する（**図9.3**）。

　例えば，**ターゲッティングモジュール**は，「どの敵を倒す」かの「どの」を
リストアップし，1体を選別する。例えば，脅威度が最も大きな順に3体リス
トアップする，などである。そして，最も強い敵か，弱い敵か，など方針に
沿った1体を選ぶ。方針はあらかじめセットしておく。一方，**ユーティリティ
モジュール**というモジュールがある。ユーティリティモジュールとは，行動の
見返りを評価するモジュールで，特定の敵を倒すこと，薬草を飲んで体力を回
復すること，逃げること，のいずれが最も効用があるか（自分に有利になる
か）を計算するものである。効用はゲームによりけりだが，例えば戦局全体の
勢力バランスにどれだけ貢献するか，自分の安全度がどれくらい上がるか，な
どである。この計算は囲碁や将棋の手の評価関数と同じで，工夫のしどころで
ある。さらに，**パス検索モジュール**というモジュールもある。これは，実際の
パス検索ルートを求める以外にも，例えば，その場所から脱出するためのポイ
ントなり，出口までのパスのコストなりを計算する。これらのコストが意思決
定に役立てられる。どの出口までのコストが一番低いかを判定できれば，そこ
から目指すべき出口を決定できるわけである。このように，意思決定はさまざ

まなモジュールを駆使しながら最善の行動を探り当てていくのである。最後は武器選択モジュールというモジュールである。これは複数の武器からどれを選択するかを決める役割をもっている。例えば攻撃と決めたら剣を使うのか，槍を使うのか，魔法弾を使うのか，などの選択である。実際のより詳細な意思決定アルゴリズムについては，10.2 節で紹介する。

9.5　エフェクタと運動生成モジュール

　さて最後に**エフェクタ**である。「エフェクト」は影響を与えるという意味である。総じて，「エフェクタ」とは世界に影響を与える具体的な実体ことである。アクションゲームでいえば，キャラクターの身体や道具，魔法のことを指す。囲碁や将棋でいえば駒のことである。広義にはキャラクターの声やメッセージも含まれる。キャラクターの知能と世界の境界にあって，世界に影響を及ぼすものであればそれはエフェクタといえる。それぞれのエフェクタは世界に対する影響の仕方をもっており，その影響の仕方はゲームのルールの一部である。例えば，身体が岩に当たるとどれくらい岩が動くかとか，攻撃魔法が敵にどれくらいダメージを与えるかとか，命令にどれだけ効力があるか，薬草でどれだけ体力が回復するか，などである。このようにエフェクタは，キャラクターと世界の関わりを規定するものである。キャラクターはその行動と効果のセットをルールの形の知識としてもっておくことで，意思決定において活用することができる。

　「運動生成モジュール」はエフェクタの運動をつかさどる。これは将棋や囲碁では，手を決めた後の「その場所に駒（囲碁では石）を動かす」ことなので，ボードゲームではまったく意識することはないが，アクションゲームの場合は，キャラクターの身体を動かして行動を生成するので，このプロセスはとても多くの課題を含むことになる。例えば，AI と人間との将棋の対局では AI 側はロボットアームが駒を置くことになるが，まさにこの場合のロボットアームがエフェクタであり，特定の場所に将棋の駒を移動する。キャラクターに

とって身体や武器，指示の声などがエフェクタである。キャラクターの身体は，かつては**スプライト**と呼ばれる，複数の2次元の絵を用意したアニメーションを循環するスタイルだったが，現代では**ボーン**と呼ばれる骨格に沿った，3次元運動のアニメーションデータを用意し，再生する。その再生に伴い，足下の地面や周囲の障害物に対して衝突しつつ，それに伴って適応的な変化を行いながら，そのいくつかのアニメーションデータの再生を継続させていく。避けたり，飛び越えたり，身体をねじったりする動作である。前方を完全に遮られるとか，プレーヤに突き飛ばされて落下してしまった場合など，その再生が継続できなくなった場合は即座に運動を切り替える必要がある。そこで意思決定が更新される。「運動生成過程」は世界とインタラクションしながら，認識と連携しながら反射的な行動を織り交ぜつつ，自由な変化を行うことを許容されている。

9.6　記憶とインフォメーションフロー

エージェントアーキテクチャはキャラクターと世界を結ぶ形式である。そして，全体としてこれを結ぶものは前述した情報の流れ（インフォメーションフロー）である（**図9.4**）。情報の流れは世界とキャラクターを結び付けるだけではなく，キャラクター内部のモジュールもまた，この情報の流れによって結ばれている。内部を循環する情報の流れを**内部循環インフォメーションフロー**という。また知能の内部で循環する情報の流れもある。これは各モジュールの調整（メンテナンス）を行う機能をもつ。また，この情報の流れは単に流れるだけでなく，現状を把握するために必要な情報に関しては，記憶として形成され，蓄積される。例えば，敵兵士の位置の情報は，生存に関わる知識なので，逐一記憶領域に保存される。

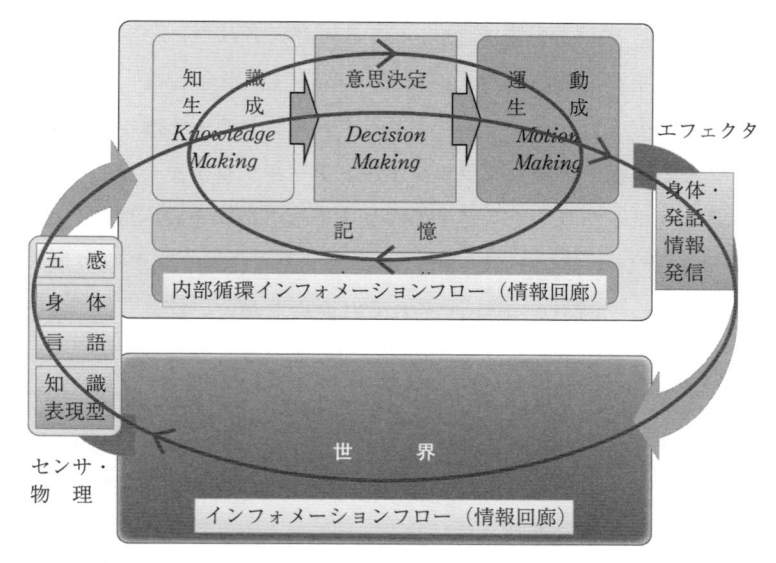

図9.4 エージェントアーキテクチャとインフォメーションフロー

9.7 記 憶 の 形

　センサから集められたデータは知能の内側で変化する。インフォメーション
フローは，さまざまな世界の情報や記憶を巻き込みながら，世界とキャラク
ターを結ぶ役割を果たすことになる。情報の流れの断面の構造は知識の形を現
すが，これをインフォメーションフローにおける知識表現と呼ぶ。知識表現は
通常，人工知能が内部にもつデータに対して指す言葉だが，ゲームの場合は環
境の側にもデータを付与する。ゲームではこの双方を知識表現といってしまう
のである。記憶の形にはさまざまな形があるのである。

9.8 黒板モデル（ブラックボードアーキテクチャ）

　では実際にエージェントアーキテクチャをどのように設計すればよいか，と

いう問題がある。ゲーム産業で 2000 年ごろに導入されたエージェントアーキテクチャは，MIT の Synthetic Characters Group（2000 年前後）で設計された「C4 アーキテクチャ」というエージェントアーキテクチャを基本としている[1]。そのもとになる**黒板モデル（ブラックボードアーキテクチャ）**は，中央にデータを書き込む黒板があり，そしてその周りを黒板の情報を読み取り，書き込むモジュール（**ナレッジソース**，knowledge source，**KS**）群が取り巻いている[4]。このモジュール群は，決してそれぞれ直接たがいにはコミュニケーションせず，ブラックボードを通じて間接的にコミュニケーションする。例えば，あるデータを受け渡すには，一つのモジュールがブラックボードボード上のある領域にそのデータを書き込み，別のモジュールがその領域のそのデータを読み込む，ということをする。また，黒板側にも領域を区切って役割をもたせたものを**領域黒板**と呼ぶ。またナレッジソースたちの書込みや読込みの動作の順番を調整する上位 AI を，**アービター**という（**図 9.5**）。

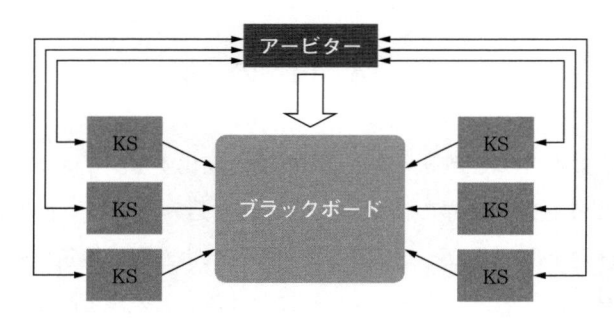

図 9.5　ブラックボードアーキテクチャ

　前述の C4 アーキテクチャは，ブラックボードアーキテクチャをエージェントアーキクチャに応用したものを指している（**図 9.6**）。すなわち，**思考モジュール**をナレッジソースとして実装し，**記憶モジュール**を黒板とする。アービターは見えなくなっているが，これはナレッジソースの実行順番が固定されているからである。思考モジュール同士は直接インタラクションすることはない。このようなアーキテクチャのメリットは各モジュールを独立に変更・革新

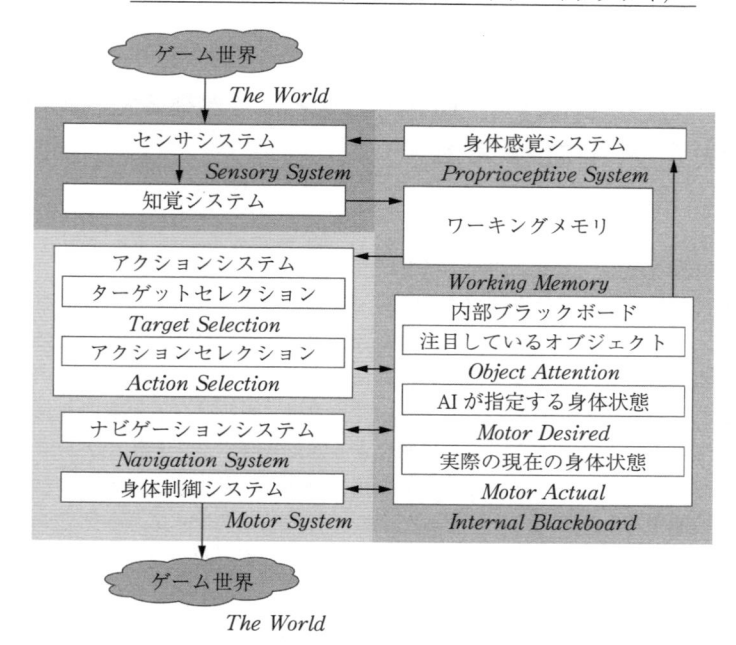

図 9.6　C4 アーキテクチャ（MIT Synthetic Characters Group, 2000）

できることである。すなわち，柔軟性と拡張性に優れている。このような特性は，要求が拡大・変更されやすいゲーム開発では必須のものである。

10章 ゲーム AI の知識表現と 意思決定アルゴリズム

　　知識表現とは，人工知能が物事を理解する形式をいう。極論すれば，人工知能にとって理解とは形式のことである。意思決定は知識表現と密接な関係にある。意思決定アルゴリズムは知識表現の上に立つ計算方法のことだからである。なので，この章では，ゲーム世界がどのような知識表現の形式で理解され，さらに，その上にどのように意思決定アルゴリズムが展開されるかを見ていくことにしよう。ここで紹介する知識表現も，意思決定アルゴリズムも，人工知能一般において基本的な技術であり，さまざまな分野において応用可能である。ただ，デジタルゲームで特徴的なのは，これら意思決定アルゴリズムがリアルタイム，かつインタラクティブ，そして身体をもって動作する，という3点にある。それ以外の分野では，この条件が緩和された形で使われることが多くある。

10.1　知　識　表　現

　　アクションゲームには，ゲームを成り立たせるための大きな五つのデータがある。「描画用データ」，「衝突用データ」，「アニメーションデータ」，「サウンドデータ」，そして「知識表現データ」である。もちろんこの他にも，多種多様なデータがあるが，ここではインタラクションの主要なデータとしてこの五つを取り上げる（**図10.1**）。

　　描画用データはユーザのためにある。ユーザのために画面をつくるためのデータである。例えばレンダリングは，3次元のオブジェクトに色を塗るわけではなく，スクリーンスペースと呼ばれるユーザの視点へ集約した画面をつくる作業であり，描画用データを参照する。各オブジェクトについて「形」，「色」，「テクスチャ」，「表面の光沢」などである。衝突用データは，ゲーム世界を物理シミュレーションするためにある。各オブジェクトについて，「衝突

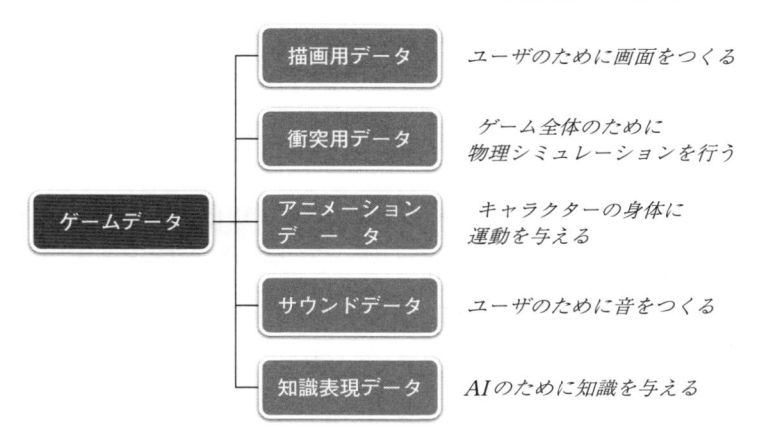

図 10.1 デジタルゲームのための主要な各種のデータ

計算のための形状」,「重さ」,「接続」,「弾性」,「硬さ」,「流体としての性質」など，各種の物理シミュレーションが働くために必要なデータである。そして知識表現データは，人工知能のためのデータである。ゲーム内の人工知能がその対象を認識するための助けとなるデータである。岩であれば動かせるのか動かせないのか，動かせるとするとどちらへ動かせるのか，など，人工知能の意思決定のために必要なデータである。この知識表現をいかに準備するかが，人工知能のクオリティを大きく変えることになる。知識表現はいわば人工知能の足場なのである。

　「人工知能は知識表現された以外の情報を扱うことはできない」といえる。あるいは，さらに「人工知能は知識表現された情報だけを理解する」ともいえる。将棋や囲碁はどうかというと，盤面を表現する形が知識表現となっている。だから，知識表現をしている，と強く意識することは少ないかもしれない。しかし，通常のアクションゲームの場合には，連続的な地形，連続的な時間の中でキャラクターが活動することになる。そして，そのキャラクターがゲーム世界を認識するためには，地形やオブジェクト自身がその知識表現データをもっておく必要がある。ゲームのキャラクターは対象の解析を行う時間も能力もほとんどないから，対象のもつ知識表現を通して対象を認識する。知識

表現はゲームではいくつかの種類がある。世界表現，オブジェクト表現，記憶表現などである。これを一つずつ見ていくことにしよう。

10.1.1 世 界 表 現

世界表現はゲーム地形に関する知識表現である。ナビゲーションメッシュやウェイポイントといったマップをグローバルに表現したものである†。またこれは自ずと **位置依存情報**（location-based information）となる。将棋や囲碁でも，自ずと知識表現が「世界表現」となる。盤面の表現が世界表現だからである。ナビゲーションメッシュやウェイポイントを基底として，その上に情報を積み重ねていく。例えば，ナビゲーションメッシュにその場所の地形の属性情報（土，雪，水，アスファルトなどの地表情報や，基地の側，水の側，森の側など）を埋め込んでおくことで，水の苦手なキャラクターは湖の側を避けるように歩き，偵察のキャラクターは敵基地に近寄らないようなパス検索を行うことができる（**図 10.2**）。

世界表現は，キャラクターがそのゲーム世界の空間的認識を得るための基礎として必須のものであり，客観的な情報の上にそのキャラクター固有の主観的な認識情報が上乗せされる。例えば，敵基地の周りのナビゲーションメッシュには「危険」のタグを，湖の側には「水の側」のタグを，森の近くには「森の側」のタグを付けておく。これは実際の地形データと照らし合わせることで自動的にタグを付けることができる。そして，それぞれのタグに応じてコストを上げておくことで，キャラクターの空間認識に個性をもたせることができる。例えば「危険」なメッシュには高いコストを，水が不得意なモンスターであれば「水の側」はコストを少し上げ，「森の側」はもし緑色のモンスターでなければ目立つのでさらにコストを上げておく。こうしておくと，パス検索を行ったときに，自然に苦手な場所を避けるようにすることができる。

---

† ナビゲーションメッシュとウェイポイントについては，11.1 節で説明する。

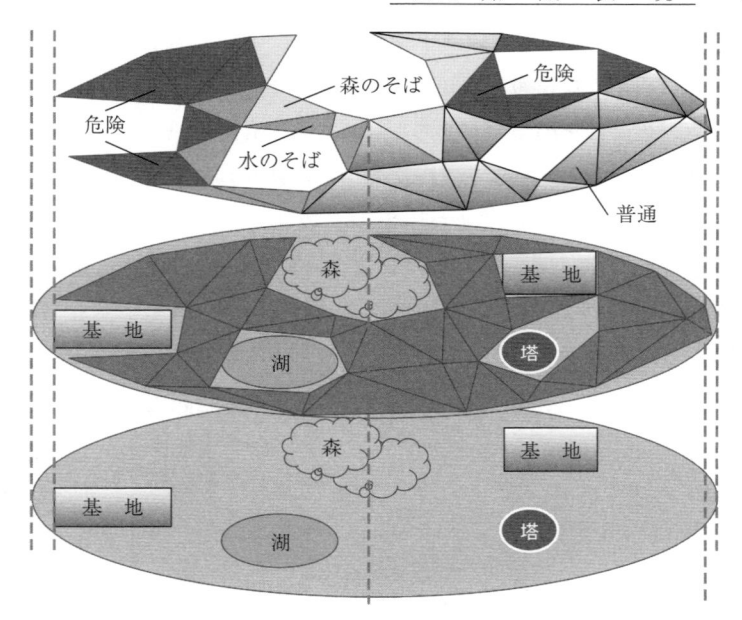

図 10.2 地形（下図）とナビゲーションメッシュ（中図）と地形情報を
埋め込んだナビゲーションメッシュ（上図）

10.1.2 オブジェクト表現

オブジェクト表現とは，ゲームマップ上に置かれているオブジェクト，例え
ば車とか，椅子とか，ボールとか，柱とか，窓とか，に関する知識表現のこと
を指している。デジタルゲームでは，キャラクターとオブジェクトの動作のイ
ンタラクションをつくるのはとても難しいことである。例えば，「ボールを蹴
る」という動作なら，どう走り込んで，どの場所，どのタイミングでアニメー
ションを始めるか，という課題がある。「ドアを開ける」という動作は，ゲー
ムでは悪名高い難しい例だが，「ドアの前でちょうど歩幅を合わせて止まり，
腕を伸ばしてドアノブをつかむ」という動作には，精緻なポジションマッチン
ングが必要である。あるいは，単に「食器を使って食事をする」という動作の
単なる手の位置合せも，決して簡単ではない。

そこで，オブジェクト側に動作のヒントとなる情報やアニメーションデータ
そのもの，さらに制御プログラムをもたせておくことで，キャラクターが近づ

けばオブジェクト側がキャラクターを制御する，という方法がとられる場合が多くある。このような情報を認知科学では**アフォーダンス**という。アフォーダンスとは，一般にはその環境がその生物に対してもつ価値のことをいうが，限定的な意味では「そのオブジェクトに対する可能な行為」ということになる。アフォーダンス情報をもたせたオブジェクトを，**スマートオブジェクト**（smart object），地形の一部の場合には**スマートテレイン**（smart terrain）という。これは，オブジェクトの知識表現の最もよくとられる形である。

　オブジェクトの知識表現とは，そのオブジェクトを使用するための情報であり，使用説明書のようなものである。例えば，「Bioshock Infinite」（Irrational Games, 2K Games, 2013）の各オブジェクトには，キャラクターを動作させる情報が埋め込まれている[5]。ソファには，「座ることができる」という情報と一緒に，「ソファの座ることができる場所」がオブジェクト表現として埋め込まれている。キャラクターは，この情報を頼りに「ソファに座る」という動作を行う。また高い場所にある窓には，「見上げるべきポイント」というオブジェクト情報が埋め込まれており，窓の近くに来ると窓の外を眺めるような動作をする。つまり，一つの部屋に入ると，オブジェクトの側からその部屋における可能な行動の情報を受け取り，どのような動作を行うかを決めるのが，意思決定の仕事となるわけである（**図10.3**）。

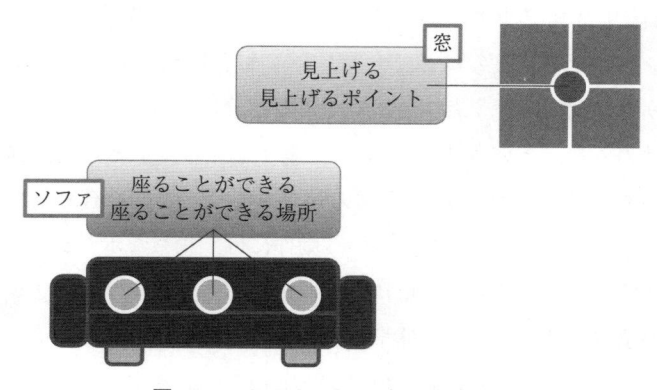

図10.3　オブジェクトの知識表現の例

10.1.3 記 憶 表 現

記憶表現は，キャラクターの認識した情報をどのような形式で蓄積するか，という問題である。最も簡単な方法は，記憶すべき情報とその形式を決めて書き換えていくことである。

例えば，エージェント中心に記憶する記憶の形を**エージェントセントリック**というが，この形をスタック型の記憶として実装したのが「F.E.A.R.」（Mono-lith Productions，2004）でとられた方法である[6),7)]。これは対象となるエージェントごとに情報を蓄積していく。まずエージェントごとの各瞬間の情報の形（知識表現）を定義する。これを**統一事実表現**（working memory fact）という（**図 10.4**）。それぞれの情報は，**値**（value）と**信頼度**（confidence）からなっている。つまり，キャラクターの位置であれば，その情報を，いつ，どこで，どのように取得したのか，そしてその信頼度はどれだけなのかを記録する。信頼度は，例えば取得した瞬間は 1.0 でも，例えば目の前で視認しても，15 秒後にはその信頼度は時間とともに劣化して 0.2, 0.1, ... となっていく。

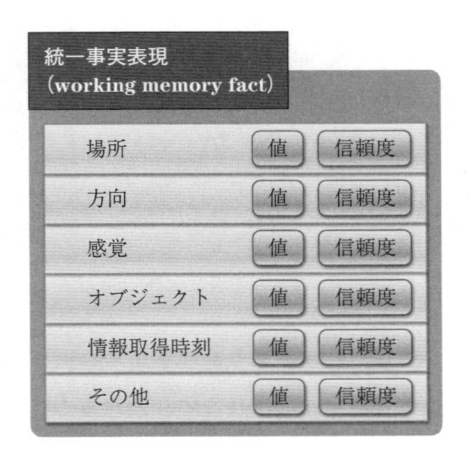

図 10.4 キャラクターの記憶の形式

このようなデータを毎フレーム，あるいは，定期的に 2 フレーム，4 フレームごとに各対象について集める。この記憶をスタックし，より抽象的なデータを読み取る。これを**データマイニング**，あるいは**データ抽象化**という。このよ

うな抽象化は多段階的に行われ，それによって人工知能はより本質的に世界を理解していく。

　さてこういった記憶を，例えば敵キャラクターに対してスタックしていくと，キャラクターについての抽象的な情報を抽出することができる。「F.E.A.R.」ではこれを 20 個のシンボル情報とそのブール値で表している（**図 10.5**）。このようなシンボルによるキャラクターの状態の知識表現は，この上にさまざまな人工知能をエレガントに構築する基礎を与える。「F.E.A.R.」の場合は，リアルタイムのゴール指向型プランニングを構築したが，これについては 10.2 節の意思決定のところで説明する。

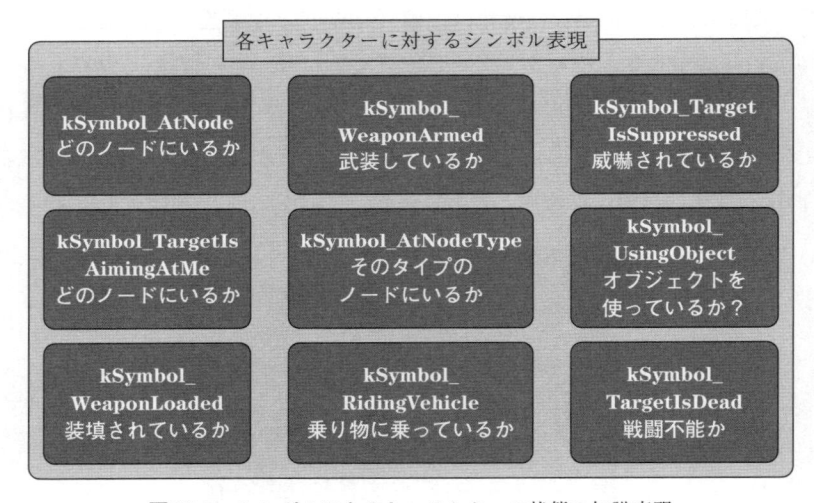

図 10.5　シンボルによるキャラクターの状態の知識表現

10.1.4　アクション表現，意思決定，結果表現

　キャラクターが学習することは，これまでさほど多くはなかった。しかし，学習というと，ニューラルネットワークや遺伝的アルゴリズム，強化学習など，さまざまなアルゴリズムがあり，どの学習方法をとるにしろ，必ず必要となる表現というものがある。それは，意思決定，行動，その結果，の三つのセット表現であり，このセットを積み上げることで学習が可能となる。

これについては，12章で解説することにしよう。

10.2　八つの意思決定アルゴリズム

ここではキャラクター AI の中心である意思決定の主要な八つのアルゴリズムについて，とてもシンプルに情報の形に着目して解説していく。意思決定アルゴリズムでは，よく「○○ベース」という言い方をする。これは意思決定システムを組み上げるときに，なにを単位として組み上げるかを決める必要があり，この○○はその単位となる形式を表している。例えば，ルールベースといえばルールを単位として意思決定を組み立てることである。

意思決定アルゴリズムは主に二つの種類に分けられる。**反射型**（reactive）と**非反射型**（non-reactive）である（**図 10.6**）。反射型とは，外部からの刺激に対して反射的に行動する形の意思決定である。「ステートベース」，「ビヘイビアベース」，「ルールベース」，「ケースベース」などはこれに当たる。一方，

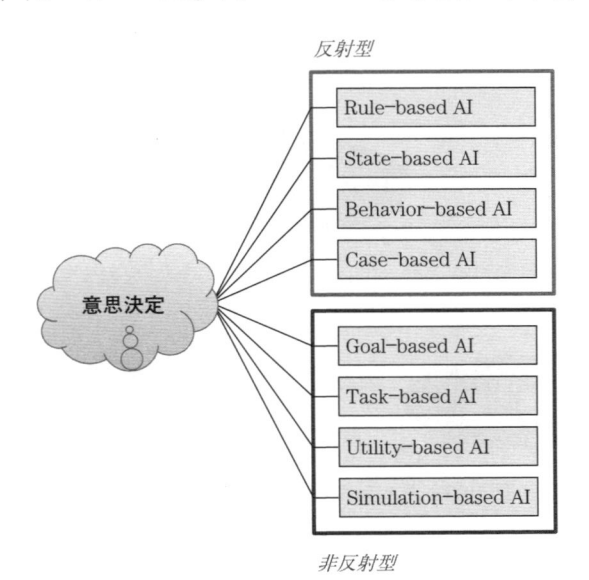

図 10.6　ゲームでよく用いる八つの意思決定ア
　　　　　ルゴリズム

非反射型の意思決定は，まずゴールを定めて行動する「ゴールベース」や，巨大なタスクを分解することで行動を生み出す「タスクベース」，さらに「ユーティリティベース」「シミュレーションベース」などである。これらを一つ一つ説明していこう。

10.2.1 ステートベース

「ステート」はキャラクターの動作を表現する。戦う，逃げる，なにもしない，などである。ステートを複数用意し，キャラクターの行動に対応させるのが**ステートベース**である。キャラクターはその瞬間をとれば，いずれかのステートをとることになるが，一つのステートからどのステートにも遷移できるわけではなく，一つのステートから遷移できるステートは制限されることになる。例えば，「走る」状態から「敵に魔法を放つ」状態の間には「一度止まる」状態を入れる，などである。つまりステートはまるで双六のように，ある状態へ行くには，そこへ至る状態をたどる必要があるわけである。これをグラフで表現したものが**有限ステートマシン**（finite state machine，**FSM**）である（**図10.7**）。

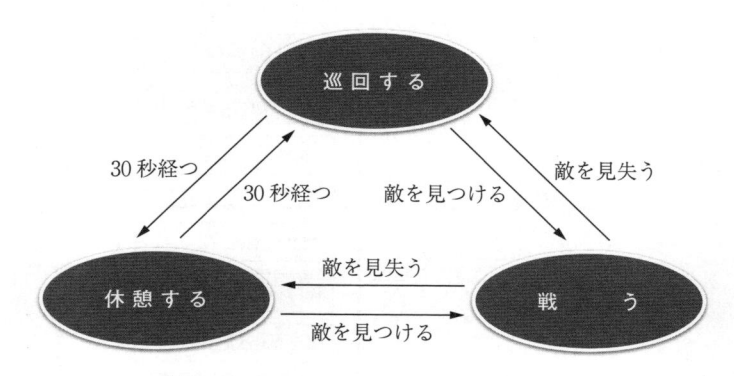

図 10.7 キャラクターのステートマシンの例

ステートマシンは，ステートとステートが遷移条件で結ばれている。遷移条件が「満たされていない」（false）から「満たされる」（true）になると，つぎのステートに遷移する。あるステートから複数の別のステートへ「満たされ

る」（true）になった遷移条件が複数ある場合は，あらかじめ優先度を付けておくことで解決する。あるいは乱数を用いて確率的に遷移するように解決することもある。しかし，こういった解決法はオプショナルなもので，通常は遷移先が一つになるように遷移条件を排他的に設定するのが普通である。

　ステートマシンは直感的で管理のしやすい方法である。デバッグではステートを追えばよいし，拡張性も高い。ルールベースのようななにが実行されるかわからない，また単発の実行だけのものと比べ，行動の流れをある程度つくることができて，実行されるものを限定することができるという点で優れている。

　しかし，ステートの数が増えると拡張性が減少するという問題がある。新しいステートは，つねにそれまでつくられたステートとの関係を考える必要があり，それはステートの数だけ増えていくからである。巨大なステートマシンは次第に柔軟性を失っていく。そこで，ステートマシンを「階層化」する，ということが行われる。一つのステートにステートマシンを入れてしまう，という発想である（**図10.8**）。例えば，2階層のステートマシンは上層にまず一つの

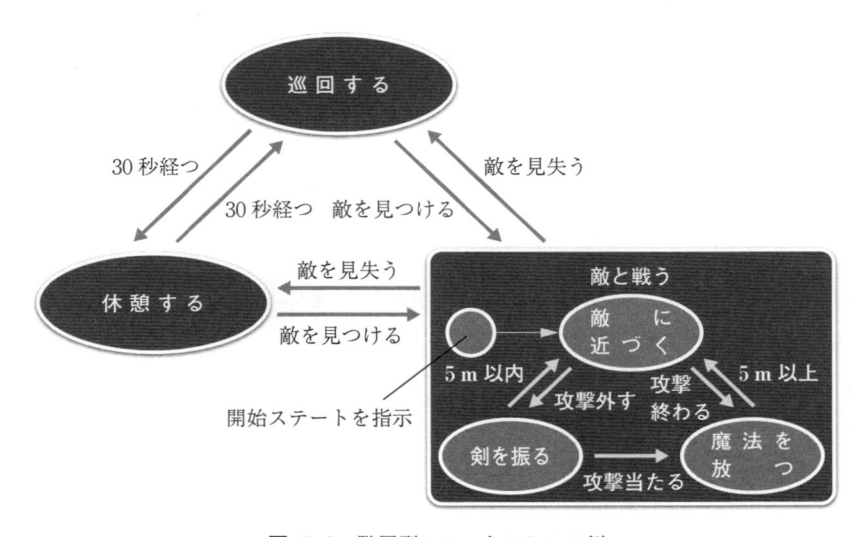

図10.8　階層型ステートマシンの例

ステートマシンがある。その一つ一つのステートが内部にステートマシンをもっていて，さらに開始ステートが指定されている。上層のステートマシンのステートがステートからステート B に切り替わると，ステート A がもっているステートマシンが終了し，ステート B がもっているステートマシンが指定された開始ステートから開始される。階層型ステートマシンは大きなデータとなるが，複雑なゲーム世界をモデル化するためには，さらに 2 階層，3 階層のステートマシンを構築する必要がある。

　ステートマシンは堅実な制御法であり，現在でも最も汎用性のある方法の一つである。90 年代後半から 2010 年ころまでは最もよく使われた方法であり，現在でも広く用いられている。

10.2.2　ルールベース

ルールベースといった場合には，ゴールを単位として意思決定システムを組む，ことを意味する。ここでいう「ルール」とは

> if（前置宣言文）then（後置宣言文）

という形の制御文をいう。よくプログラムで書いてしまう，if 文の中に if 文があり，さらに if 文がある，といったような入れ子構造も，広義ではルールベースというが，通常ルールベースといった場合には，ルールを単位として扱う。この前置宣言文が満たされる場合を**発火可能**（fired）という。発火可能とは，ゲーム AI の場合，前置宣言文には実行可能条件を書くので，実行可能と同義である。この実行可能という概念は，後述するビヘイビアツリーにも受け継がれることになる。

　例えば，ある状況に対応するためのルールを複数用意しておく。そして，それらに優先度を付けておき，実行可能なルールのうち，最も優先度の高いものを実行する。あるいは，実行可能なルールの中からランダムに選択するという方法もある。ゲームの状況は刻一刻と変化するので，実行可能なルールも変化

しつづける。またより一般には，ルールを選択する思考「**ルールセレクタ**」によって，ルールを選択することになる（**図 10.9**）。ルールセレクタは自由に思考を書いてよいのだが，最終的に実行可能なルールのうちいずれかを選択する。

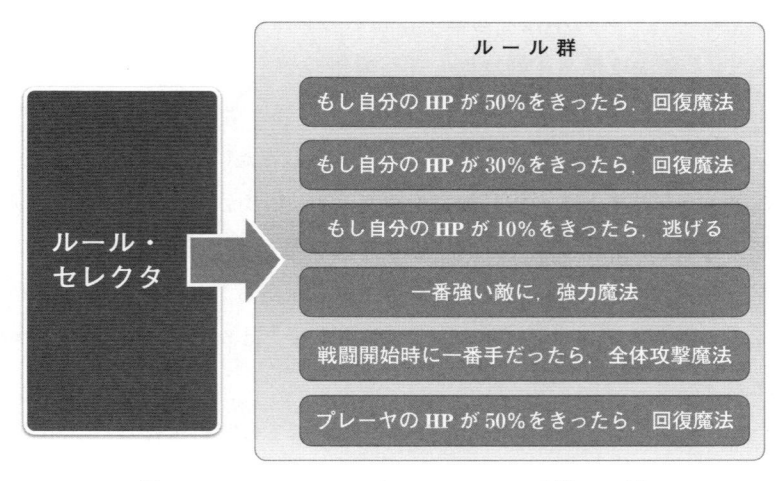

図 10.9 ルールベースによるキャラクター制御の一例

またルールベースは，ユーザに味方キャラクターの人工知能を作成させるときに用いることもあり，ガンビットシステムと呼ばれ，「Dragon Age: Origins」（Bioware，2009）シリーズなどで用いられている。

10.2.3 ビヘイビアベース

ビヘイビアベースは，ビヘイビア（行為）を基調とする意思決定方法である。「ビヘイビア」という言葉は，「身体的な行為」を意味している。ビヘイビアベースで最もよく用いられるのが，**ビヘイビアツリー**（behavior tree）という方法である。ビヘイビアツリーは，「Halo2」（Bungie，2004 年）の AI リードであった Damian Isla 氏によって発明された方法で，現在のゲームの約 7 割以上で採用されている[2),3)]。

ビヘイビアツリーは，特に複雑な意思決定方法ではなく，ステートマシンと

ルールベースを合わせた発展形ともいえる。なにより重視されたのは，ゲーム開発の現場のつくりやすさと，メンテナンスとデバッグのしやすさである。それゆえ特徴として，一方向である（ループがない），各部分が独立している，拡張が容易である，などがある。

ビヘイビアベースの単位となるのは複数の**ノード**を含む層（**レイヤ**）である。いま，「魔法攻撃」，「剣攻撃」，「召喚獣攻撃」，「必殺技」という四つのノードがあり，これが一つの層に含まれるとする。どのノードを選択するかは，この層に「**モード**」を指定し，このモードの方式に従って実行ノードを決定するという方法をとる。実行前に一つだけチェックがあり，それぞれのノードは「実行可能条件」をもっており，これで実行可能かどうか判定する。「魔法攻撃」の実行可能条件は「マジックポイントがある」ことである。いま，例えばマジックポイントが０であれば，「魔法攻撃」は除外され，残り三つの中から選択されることになる。

「シークエンス」モードは，上から順番にすべての実行可能なノードを実行する。「プライオリティ」モードは，実行可能なノードのうち最も優先度の高いノードを実行する。ビヘイビアツリーでは優先度順にノードを上から書く，という決まりがあり，実行可能なノードのうち最も上にあるノードを実行する。「ランダム」モードは，実行可能なノードからランダムに一つノードを選択し，「ランダムアットワンス」は，実行可能なノードをランダムに一度ずつ実行していく。

このように一つの層の中でノードを決定する方法を，上位ノード（親ノード）が決定する方法に対して，**子ノード競合モデル**（child-competitive-model）という。このモデルによって，一つの層が他の層に依存することなく独立に拡張，デバッグ，メンテナンスを行うことができるようになる。

ビヘイビアツリーは，この層を最上位のノード（root）から初めて，ツリー構造にしたものである。それぞれのノードはそれより深い層をもっているか，あるいはそれ以上深い層をもたないリーフノード（末端ノード）である。リーフノードは，必ずキャラクターの身体動作を伴うノードでなければならない。

　例えば，**図10.10**のようなビヘイビアツリーを組んだとする。最初の層は
「プライオリティ」モードである。もし敵がいなければ「攻撃」は不可能なの
で，「偵察」か「撤退」になる。もし「偵察」が可能であれば，プライオリ
ティが高いので「偵察」となる。「偵察」の実行可能条件は「残り体力が半分
以上ある」ことである。もしこれを満たさなければ，「偵察」も実行不可能な
ので，「撤退」となる。「撤退」の実行可能条件は「特になし」となる。つまり
撤退はいついかなるときも可能である。

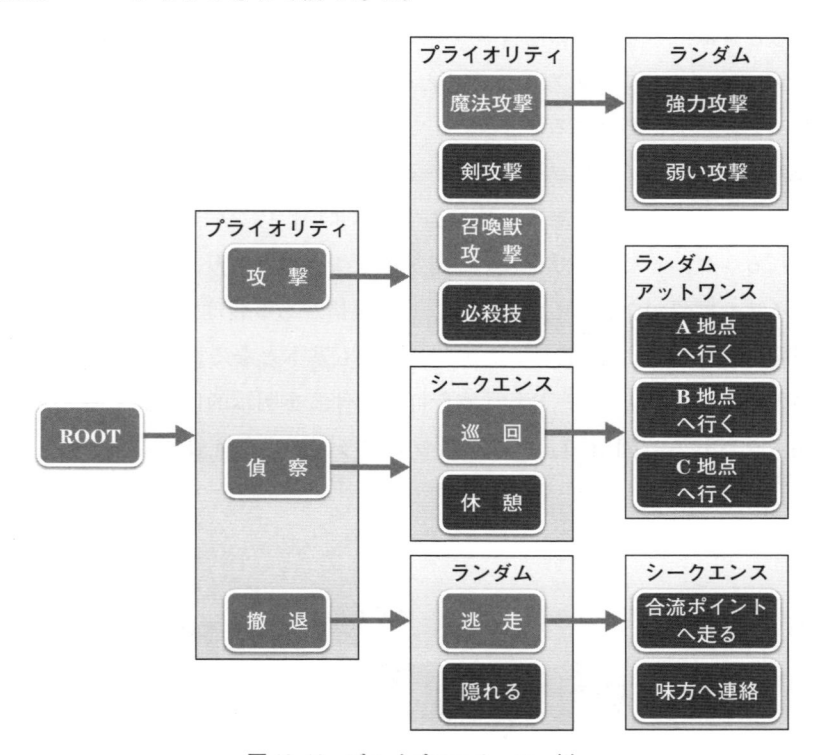

図10.10 ビヘイビアツリーの一例

　さて，いま敵がいるとして，最初の層では「攻撃」が選ばれたとする。する
と，つぎの層は「プライオリティ」なので，最優先度の「魔法攻撃」が選択さ
れる。するとさらにつぎの層は「ランダム」なので，二つの魔法のうちどちら

かが選択される。これでルートに戻り，同じプロセスが繰り返される。このビヘイビアツリーの場合，ルートに戻っては同じ選択をたどり，マジックポイントがあるかぎりは魔法攻撃をつづけることになる。

　マジックポイントが切れると，つぎの優先度の「剣攻撃」が選択される。ここで敵を倒してしまうとする。ルートからたどっていくと，今度は「攻撃」が実行不可能なので，体力が十分あれば「偵察」が選択される。その下の層は「シークエンス」なので，「巡回」，「休憩」が順番に実行される。「巡回」を実行するときは，さらに下の層は「ランダムアットワンス」である。「A」，「B」，「C」のすべてをランダムな順で回ると終了し「休憩」する。「休憩」が終わるとルートノードに再び戻る。

　このようにビヘイビアツリーは流れるような制御が得意であり，また新しいノードを加えることも各層ごとに追加すればよいだけなので，柔軟性も高く維持される。ビヘイビアツリーはいまも発展をつづけており，開発者ごとにカスタマイズや拡張がなされるため，統一した規格があるわけではなく，例えば，今回紹介したのは「Halo2」で実装された最も基本となるスタイルである。最近の表記としては，「モード」，「実行可能条件」を明示的に表記する，という方法もとられる（**図 10.11**）。これはプログラムがやや冗長になり，ビヘイビ

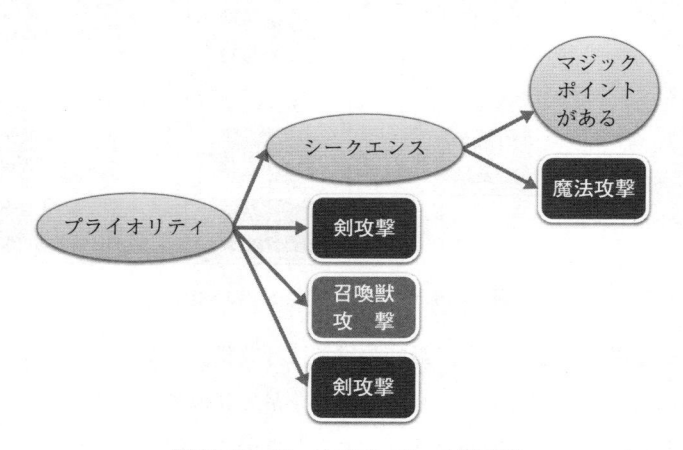

図 10.11　ビヘイビアツリーの別表記

アツリーのサイズが少し大きくなるものの，実行可能条件がわかりやすく，デバッグがしやすくなる，などの利点がある。

10.2.4 ユーティリティベース

ユーティリティとは日本語で訳すと「効用」である。「効用」とは，つまりどれくらいの効果があるか，ということである。なにを目標にするかによって効用の意味は変わってくる。敵にダメージを与えたいのであれば敵ダメージが効用であり，回復したいのであれば回復率が効用であり，より抽象的には自分が決めた作戦がどれくらい戦局を有利にしたかも効用となる。

さて，例えばいま，あるキャラクターが魔法を3種類撃てるとする。さらに，どの魔法を撃つかを**ユーティリティベース**で自動的に切り替えたいとする。実は，こういった「武器や魔法の自動的な使い分け」という過程は，ゲームではよくあり，主にユーザをサポートするために使われる。選択を自動化することでゲームプレーに集中できるようにするためである。

魔法は距離によって威力が違うので，それぞれの魔法の効用曲線のデータを用いて自動的に切り替えることにする。いま，魔法Aの効用曲線は近距離でピークがある，つまり近距離用の火炎系魔法，魔法Bは中距離であり効用曲線が中距離にピークがある風系魔法，魔法Cは遠距離で威力を発揮する雷系魔法とする。それぞれの効用曲線があれば，どの距離ではどの魔法が最も威力があるかわかるので，効用曲線を使って敵までの距離に応じて自動的に魔法を使い分けることができるようになる（**図 10.12**）。

では最初からルールベースで，「何mから何mまでの距離ではこの魔法」というように書いておけばよいと思われるかもしれない。ところが，そういった方法はそれぞれの魔法のセットごとに書く必要があり，例えば新しい魔法Dを覚えると，すべてのルールの中の条件式を書き直す必要が出てくる。しかし，ユーティリティの方法では，新しい魔法が加わっても数値で効用を比較するだけなので，曲線を定義するだけでプログラムを書き直す必要がない，という拡張性の高い方法になっているわけである。

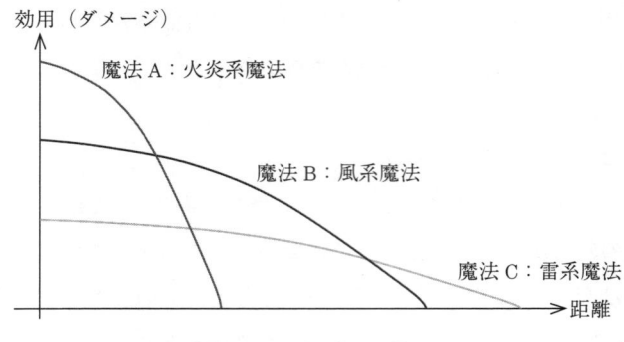

図 10.12 魔 法 の 効 用

　さて囲碁や将棋でも，「盤面を評価する」ということはその手の効用を計算していることであり，「局面がどれくらい有利になるか」という効用である。もちろん，魔法選択の例よりずっと複雑な思考の末にそれが導かれるわけである。囲碁の場合は，特に駒に個性がなく位置だけなのと，少しのことで盤面がひっくり返るので，評価関数がつくりにくいといわれていたところを，関数ではなくニューラルネット（ディープラーニング）を学習させることで，さらに強くなったという経緯がある。このように，効用関数をいかにつくるかということは難しい問題で，効用関数をニューラルネットワークに置き換えるケースが少しずつ増えている。

10.2.5　ゴールベース

　ゴールベースは，非反射型意思決定アルゴリズムの典型である。ゴールベースは，まず目標（ゴール）を決めて，その後に「それをいかに実現するか」を人工知能に考えさせる方法をとる。これまでの人工知能では，ゴールベースといえば，何分も，何日もかかるような計画のゆっくりとした意思決定の方法として使用されてきたが，デジタルゲームの場合には，これをリアルタイム，1/30 秒とか 1/60 秒から 1 秒以内で行うことになる。

　ゴールベースには二つのアルゴリズムがある。一つは**階層型ゴール指向型プランニング**（hierarchical goal-oriented planning）と呼ばれる方法で，主に戦

略から戦術，行動に階層的に行動を構築するときに使う（**図 10.13**）。例えば，あなたが司令官だったとする。ゲーム内で敵が進行してきてそれを食い止めたい。そこでいくつかの段階が考えられる。二つの騎兵隊に指示を出して左右から挟撃する，その間に足止めとなるような柵を築く，さらにその間に土を掘って水を導いて深い河をつくる，などである。これらのゴールを順番にこなすためには，まず「敵の進行を食い止める」というゴールを，上記の三つの中ゴールに分割する。「敵を挟撃する」，「柵をつくる」，「河をつくる」である。これを**ゴールの分割**という。さらに，それぞれのゴールはより小さなゴールに分解される。「敵を挟撃する」は「左から攻める」，「右から攻める」，「柵をつくる」は「木を切る」，「組み立てる」，「河をつくる」は「土を掘る」，「水を導く」という小ゴールに，さらに分割される。ここまで来ると，後はそれぞれの小隊に小ゴールを任せることで，それぞれの中ゴールが達成され，中ゴールが達成されると元のゴールが達成されることになる。これがゴール指向の意思決定の方法で，高次の抽象的な目標を達成するためには欠かせない技術である。

　また，もう一つのゴール指向の方法は**ゴール指向型アクションプランニング**

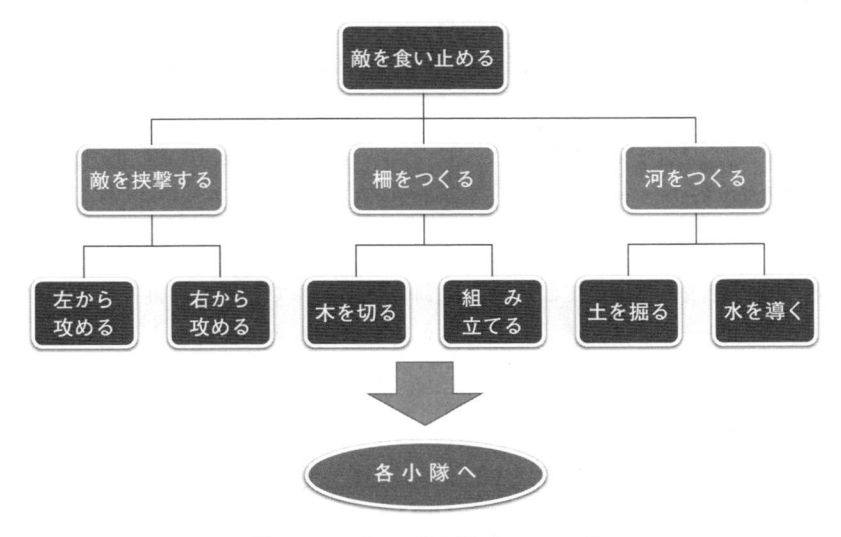

図 10.13　ゴール指向型プランニング

（goal-oriented action planning，**GOAP**）と呼ばれる。このアルゴリズムは，テクニカルには 70 年代から開発されてきた STRIPS（Stanford Research Institute solver）と同じものであるが，リアルタイムに応用したのが「F.E.A.R.」（Monolith soft，2004）に携わっていた Jeff Orkin 氏である[6),7)]。前準備として，「アクション」に「アクションを行うための前提条件」，「アクションを行った後の効果」を加えて，三つをセットにした単位として準備しておく。例えば，「魔法封じを撃つ」ための前提条件は「マジックポイントが 50 以上ある」で，効果は「敵の魔法を封印」である。また，「魔法薬を飲む」というアクションの前提条件は「魔法薬をもっている」であり，効果は「マジックポイントが 50 以上になる」である。さらに，「魔法薬を買う」というアクションの前提条件は「お金をもっている」であり，効果は「魔法薬をもっている」ということである。あるいは，「モンスター B を倒す」というアクションの前提条件は「特にない」であり，効果は「魔法薬を取得する」とする，といった具合である。これは，モンスター B のドロップアイテムが「魔法薬」である，というゲームのルールの表現にもなっている。さて，このようにすべてのアクションを「前提条件」，「アクション」，「効果」という形式に記述しておくわけだが，この「前提条件」，「効果」の記述を 10.1 節で説明した「シンボル」で記述するというのが，「F.E.A.R.」の方法である。

　では実際に「ゴール指向アクションプランニング」（**図 10.14**）を行いながら解説して行こう。まずゴールは，とても強い魔法を放つボスモンスターがダンジョンの奥にいるので「敵の魔法を封じたい」ことにある。そこでプレーヤであれば，魔法薬を買っておいて，戦闘の前に飲んで，戦闘に挑んで，最初に魔法を封じる魔法をかける，などと考えることになる。そういったゴール指向で考える思考をキャラクターにもさせたいのである。ここでのゴールは，前述のとおり「敵の魔法を封じる」である。そこで，たくさんのアクション（アクションプール）の中から，効果として「敵の魔法を封じる」をもつアクションを検索することになり，結果「魔法封じの魔法」というアクションを見つけることになる。今度は，「敵の魔法を封印」の前提条件である「マジックポイン

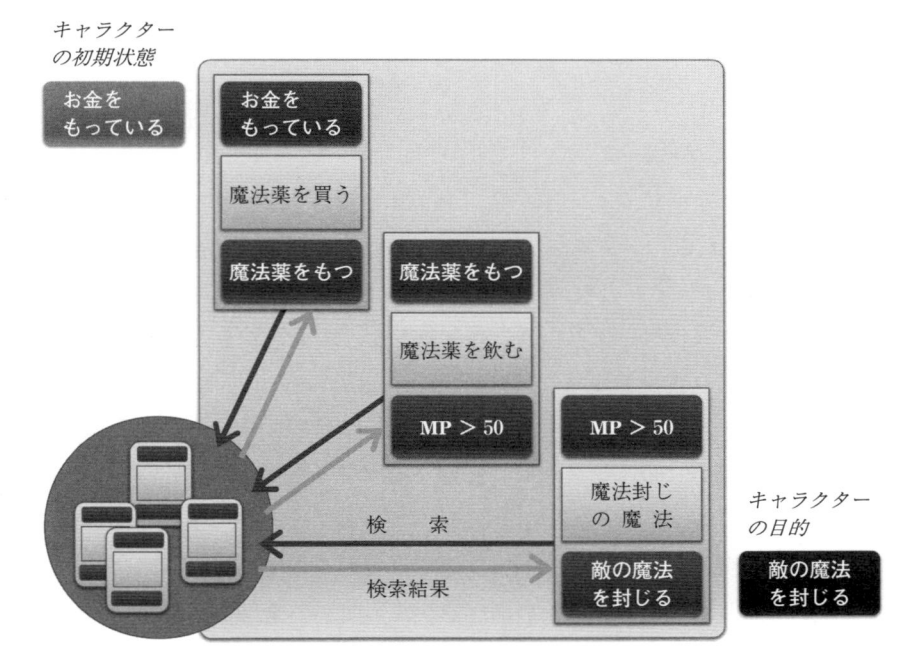

図 10.14　キャラクターのためのゴール指向アクションプランニング

トが 50 以上ある」に注目する。もしキャラクターがマジックポイントを現時
点で 50 以上もっているのであれば，ここでプランニングは終了で魔法封じの
魔法を発動して終了となる。しかし，いま，実際にはそうでないと仮定する。
つまりマジックポイントが足りないとする。そこで，「マジックポイントが 50
以上ある」を効果としてもつアクションをアクションプールから検索すると，
今度は「魔法薬を飲む」というアクションが見つかることになる。前提条件は
「魔法薬をもっている」である。さらに，この「魔法薬をもっている」を効果
としてもつアクションを検索すると，「魔法薬を買う」と「モンスター B を倒
す」が見つかることになる。ここで，もし「お金をもっている」場合は「魔法
薬を買う」，もっていなければ「モンスター B を倒す」を採用することにな
る。このように，プレーヤの現在の状態とゴールとを，前提条件と同じ効果を
もつアクションを探してつないでいく方法を**チェイニング**（**連鎖**）という。こ

のように，チェイニング（連鎖）によって一連の行動をつくり出すことが可能
となる。

10.2.6　タスクベース

　問題領域のことを**ドメイン**という。「積み木を積む」,「柵を築く」などは一
つのドメインである。ドメインとは，扱う対象とそれに対する操作が定義され
た空間である。ドメインの中の課題を小さなタスクに分けて一連の動作を構築
する手法を，**タスクベース**という。キャラクターの意思決定で使われる手法
に，**階層型タスクネットワーク**（hierarchical task network, **HTN**）がある。
HTN は階層的にタスクへ分解していく。この点はゴール指向の分解と似てい
るが，HTN の場合には，タスク間に厳密な順序関係をあらかじめ設定する。
この順序構造によって分解の結果出て来たタスク群が順序をもったネットワー
ク構造として現れることから，HTN と呼ばれているのである。順序には三つ
の場合があり，すべてのタスクの順序が決まっている**全順序**（total order），
部分的なタスクの順番が決まっている**半順序**（partial order task），**順序なし**
（non-order task）である。

　例えば，ある魔法剣士の意思決定をつくる場合を考えてみよう。まず最も大
きなタスク「戦闘」は，「敵を攻撃」,「味方を回復」の全順序タスクとして分
解される（**図 10.15**）。この分解の仕方を**メソッド**と呼ぶ。「メソッドを適用す

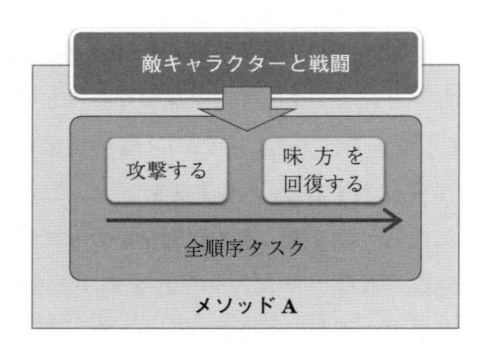

図 10.15　HTN の上層図

る」ことで大きなタスクがより小さなタスクへ分解され，それ以上分解できない タスクまでたどり着いたところで分解が終了する。

　「敵を攻撃」については，いくつかのメソッドによる分解の仕方を準備しておこう（**図10.16**）。どのメソッドを適用するかは「適用条件」として各メソッドが宣言しておく。例えば，「敵が1体」の場合のメソッドは，「剣攻撃」，「攻撃魔法」，「体当たり」の一連を特に順序もなく行うように分解するとする。

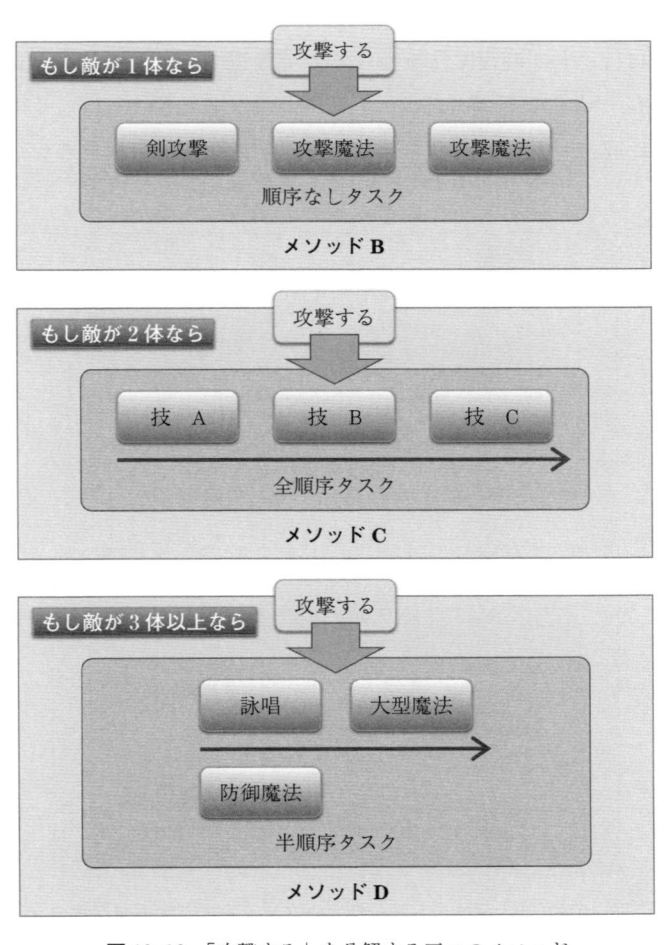

図10.16　「攻撃する」を分解する三つのメソッド

これは「順序なしタスク」である。「敵が2体の場合」は，連続技として「技A」，「技B」，「技C」という順番に実行するメソッドをつくっておく。これは「全順序タスク」である。しかし，「敵が3体以上」の場合，「防御魔法」を張りつつ「詠唱」を始めて「大型魔法」を出すようなメソッドも準備することになる。この場合，「詠唱」，「大型魔法」という順序は完全に決まっているが，「防御魔法」はその前でも後でもよいので，これは半順序となる。「大型魔法」はさらに三つの魔法を呼び出す全順序タスクに分解され，「味方を回復」は，「味方の側に行く」，「回復魔法をかける」，「後退する」と「味方全員に回復したことを知らせる」に分解するメソッドを用意する（**図10.17**）。「後退する」，「味方全員に回復したことを知らせる」も，どの順序でも構わないので半順序

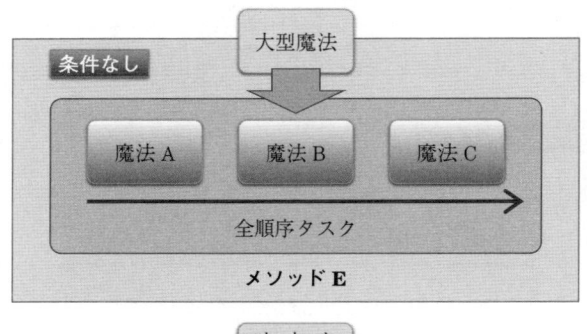

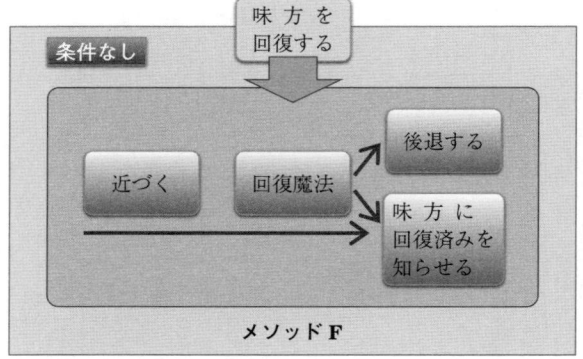

図10.17 「大型魔法」を分解するメソッドと「味方を回復する」を分解するメソッド

である。このように，それぞれのメソッドがより高位のタスクをより下位のタスクへと分解していく。

　さていま，4体の敵と戦っているとすると，このキャラクターの意思決定の結果は，タスクをネットワーク状にしたタスクネットワークとして出力されることになる。実際にこれを実行する矢印で示された順番は守らなければならないが，それ以外は任意の順番で構わない（**図 10.18**）。

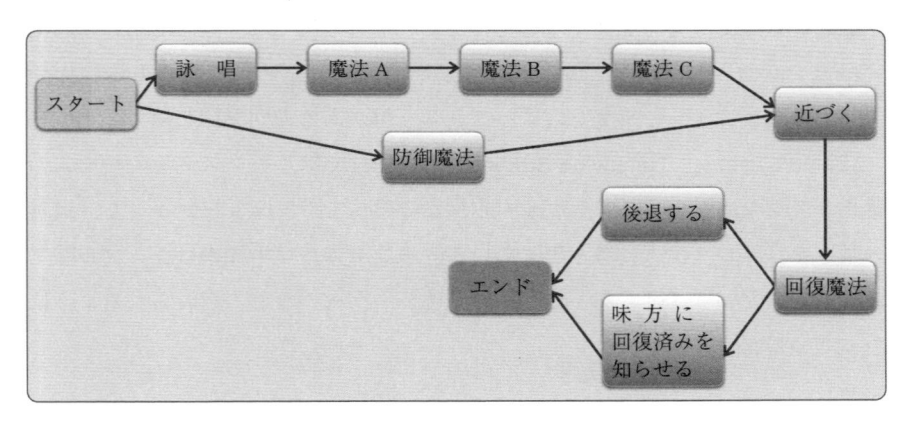

図 10.18　生成されたタスクネットワーク

　このように，それぞれのタスクの分解の仕方であるメソッドは独立に定義しておき，メソッドをリアルタイムに適用して分解していく。つまり，プランをゲーム内で生成する。これは，独立に分解の仕方を定義しておけば，開発の柔軟性を保てるからでもあるし，どのメソッドを適用するかはゲーム内から指定することができるという，動的に計画を立てられるメリットがある。

　この手法を初めてデジタルゲームで適用したのが「Killzone 2」（Guerrilla Games, 2009）というタイトルである。メソッドを積み重ねることで，数体のキャラクターに対して，わずか数フレームのうちに 500 個に及ぶタスクネットワークをつくり出すこともある[8]~[10]。これは，90 年代に一つ一つスクリプトを書いていた時代とは隔世の感がある。

10.2.7　シミュレーションベース

シミュレーションベースの方法は，問題を定式化できないときに，可能な組合せによって，試行錯誤シミュレーションを行うことで，手探りに解法を得ようという方法である。例えば，初めて棒高跳びをするときは，走っては飛んで，走っては飛んで，その結果から次第に一番よい踏みきりのポイントを見つけていく。シミュレーションはこのように，運動など，特にあらかじめ定式化が難しい領域で威力を発揮することになる。最近の例では，囲碁で用いられているモンテカルロ木探索（MCTS）はシミュレーションベースの方法の一つで，膨大なシミュレーションによって最適な解がある方向を探し出す。

「Fable Legends」（Lionhead Studios，未発売）では，モンスターのチームの動きとアクションを，モンテカルロ木探索の方法でシミュレーションし，最善の動きをリアルタイムに導き出している。モンテカルロ木探索はシンプルなアルゴリズムということもあって，ストラテジーゲームなどに用いられるようになっている[11),12)]。

10.2.8　ケースベース

ケースベース，すなわち**事例ベース推論**（case based reasoning，**CBR**，ケースベーストリーゾニング）は，対象とする事例をいくつかの場合に分け，その場合に応じた効果的な行動の経験をまず集積する。その事例と行動の対応するデータを基に，つねに変動する新しい状況に対して新しい行動を推論によって生み出す方法である。

「Killer Instinct」（レア社，マイクロソフト社，1994-2016）の2.8アップデータから，プレーヤの戦闘やスタイルを学習して成長する「Shadow」を作成できるようになっている[13)]。この背景にあるのは，プレーヤのプレーログを蓄積することで，そこから「ゲームの状態」を抽象的距離によってクラスタ化し，その各状態に対する効果的な行動を抽出するというデータである。このデータから，Shadow はそれぞれの状態に応じた最も適切な行動を検索する。

　以上のように，意思決定アルゴリズムは多様であり，さまざまな形態をもつ。今回は解説のため，一つ一つを独立に説明したが，大きなゲームタイトルの場合はいくつかを組み合わせて使う場合が多くある。それぞれのゲームごとにキャラクターには役割があり，それぞれのゲームに合った意思決定のスタイルというものがある。デジタルゲームの多くはエンタテーメントなので，そこでは深い意思決定が求められるというよりも，ユーザの心理にインパクトを与える，あるいは心地よさを与えるようなキャラクターの意思決定が必要とされる。一緒に旅をしていてさまざまな気遣いや理解を示してくれるキャラクターや，いざとなれば自分の背中を預けられるような仲間，難しいがなんとか機智を働かせて倒せる敵キャラクターなど，いわば歯ごたえのあるキャラクターの人工知能が求められるのである。その多様なキャラクター性を実現するためには強力な技術基盤が必要であり，それがキャラクター AI なのである。

11章　ナビゲーション AI

　8章でゲームステージの地形に関する知識表現を世界表現といった。8章をまとめると，知識表現とは，人工知能が世界を解釈する仕方を適切なデータの形として与えることである。世界表現はその表現を通して人工知能に世界を解釈する方法を与える。例えば，ゲーム世界の中には歩ける場所と歩けない場所がある。人間は新しい場所に行くと一瞬でそれを理解するが，人工知能にはその能力がないので，「どこが歩けるか」という情報をキャラクターに与える必要がある。このデータのことをナビゲーションデータという。地形とその連結（トポロジー）を示すデータで経路検索に用いられる。

　また地形を認識することは，敵を探すのにどの高台が見晴らしがよいか，どこが隠れる場所（カバーポイント）としてよいか，という地形認識を含む。また最近では，地形と敵と自分の位置関係から自分の戦闘スタイルに適した場所を自動的に見つけ出す，「戦術的位置解析」の技術が確立してきた。以下で，これらの技術を見ていくことにしよう。

11.1　ナビゲーションメッシュとウェイポイント

　ナビゲーションデータには二つの形式がある。**ナビゲーションメッシュ**と**ウェイポイント**である。ナビゲーションメッシュは，地形の中でキャラクターが歩ける場所を連結された三角形（凸多角形ならよいがたいていは三角形）で敷き詰める。この三角形のメッシュは必ずしも地形を形成する衝突メッシュと合っていなくても構わない。特に高さなどは後で実際にキャラクターを動かすときに補正できるので，俯瞰的に見て，だいたい合っていれば大抵は問題ない。一方でウェイポイントはポイントの連結したデータである。つまり点がマップの上に分布してあり，それらの間の空間が通れる場所であれば，点同士の接続関係として示されている。

　囲碁は 19×19，将棋は 9×9 の有限な盤面が規定されているので，人工知能はその限定した空間とルールの中で考えることができる。しかし，一般のゲームステージの連続地形はそれがなかなかできない。そこで連続空間を有限の空間構造で把握する仕組みが，ナビゲーションデータなのである。

　ナビゲーションメッシュとウェイポイントはたがいに長所と短所があり。ナビゲーションメッシュは地形の起伏やその表面の属性情報の表現に適しており，ウェイポイントはポイントを指定するため，正確な位置関係の表現に適している。ナビゲーションメッシュの場合は，中心座標を代表点としてとる場合が多い。通常，ナビゲーションメッシュ上のパス検索も代表点をベースに検索される場合がほとんどである。次節からパス検索の詳細を見ていこう。

11.2　ダイクストラ探索法と A* パス検索

　ナビゲーションメッシュにしろ，ウェイポイントにしろ，データ構造としてはネットワークグラフ構造となる。**ネットワークグラフ**は，一般にはその要素（ノード）とノード間をつなぐ**エッジのコスト**からなっている。コストは単純に距離の場合もあれば，これに地形情報を加味したコストになる場合もある。例えば，8 章で説明したように「危険」な場所はコストを 2 倍にする，路面が雪であれば距離を 1.2 倍にしたものをコストにする，などである。ネットワークグラフ上で 2 点（ノード）を指定したときに，最小コストとなる経路を求めるアルゴリズムは，**ダイクストラ法**と呼ばれている。また，それをより発見的な手法にしたアルゴリズムを **A* アルゴリズム**という。ゲーム産業ではほとんどの場合，このアルゴリズムによる **A* 探索法**が用いられる（**図 11.1**）。

　A* アルゴリズムについては，第Ⅱ部ですでに解説されているので，ここではダイクストラ法と A* 探索法の違いについてのみ説明する。ダイクストラ法は出発点から始めて，周囲のノードに対して出発点から一番コストが最小となる経路によって探索していく。例えば，ダイクストラ法で点 S から点 a までの経路は C を経由したほうが短いので，(S,C,a) という経路のほうを途中の経

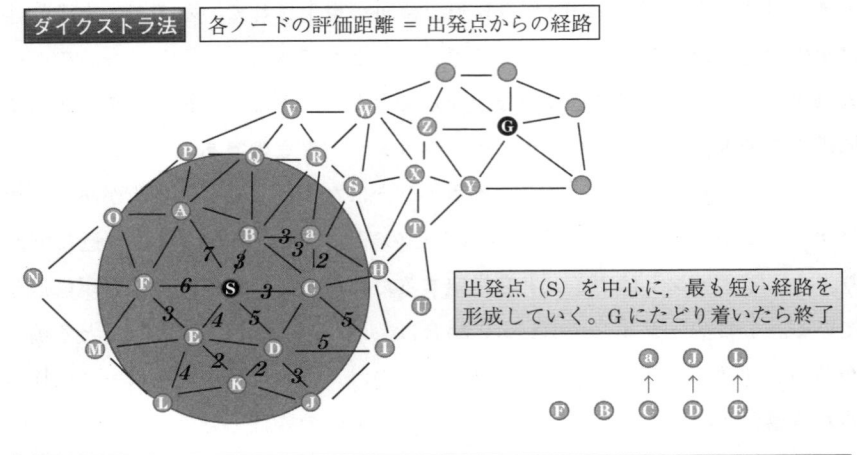

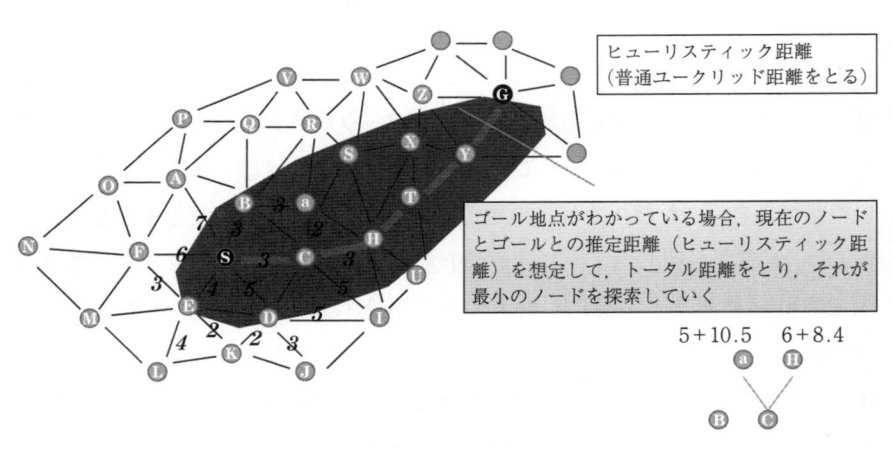

図 11.1　ダイクストラ探索法と A* 探索法の比較

過として覚えて検索していく。しかし，ゴールの座標がわかっている場合であ
れば，だいたいの場合，ゴールの方向へ向かって誘導しながら検索したほうが
効率的である。そこで検索を誘導するために，検索ノードの評価値に**ヒューリ
スティック距離**を導入する。これが A* 探索法である。ヒューリスティック距
離はたいていの場合，検索しているノードからゴールまでのユークリッド距離

をとる。これによってゴールの方向へ向かって検索を行うことができるように
なる。

「FINAL FANTASY XIV」では，衝突モデルから自動生成されたナビゲーショ
ンメッシュの上でパス検索が行われている（**図 11.2**）。事前にパスを計算し，
表の形で格納しておく**ルックアップテーブル法**によって実現されている[14]。

図 11.2　「FINAL FANTASY XIV」におけるマップ（上図）とナビゲーションメッシュ
とその上のパス（下図）

11.3　地　形　解　析

　地形をリアルタイムに解析する必要があるときがある。例えば，ゲーム開始時に自動生成したマップがスタート地点からゴール地点までがつながっているかどうかをチェックする場合があり，これを**接続テスト（コネクティビィテスト）**という。「Age of Empire II」（Ensemble Studio, 1999）はたくさんの兵士を操作する RTS（リアルタイムストラテジーゲーム）だが，自陣と他陣がきちんと陸地でつながっていないとゲームにならないので，自動的にそれをチェックして問題があれば再生成する。また開発中に地形解析を行う場合もある。

　ロボットゲームでは，崖（がけ）の近くのナビメッシュは落下の危険があり，また壁近くのナビメッシュは衝突しやすいので，崖の境界にあるナビメッシュを検出してコストを上げておくことで，できるだけ通らないようにする。逆にステルスゲームの場合は，物陰に隠れたほうがよいので，物のある側のメッシュのコストを低くしてなるべく通るようにする。

　またジャンプのあるゲームの場合は，ジャンプリンクと呼ばれるリンクをつくる。これは崖上のメッシュと崖下のメッシュをつなぐリンクで，コストをつける。低いコストをつけておけば，迂回するよりもジャンプして飛び移るほうを選ぶ。また，登るときと下るときでは，当然異なるコストをつける。このジャンプリンクは専用のエディタでつける場合も多いが，マップが広くなるとそれもたいへんな手間になるので，条件に合う地形を解析して発見し，自動生成する。

11.4　戦術位置検索

　最も基本的な問題として，キャラクターがゲーム内で自分の行先をどのように決めるか，という問題がある。例えば戦闘の中で，地形や戦局を読んで移動

するという問題は，プランナがあらかじめ移動先候補ポイントを決めてデータにしておき，ゲーム進行内では，その中から AI がポイント評価して決める，という方法がずっととられてきた。あるいは，まったく決めずにランダムに動き回る，狭い部屋であればつねにプレーヤに向かって歩きつづける，などの適当な方法がとられてきた。しかし，ゲームが大型化，オープンワールド化することで，その方法が通用しなくなってきている。そこで登場するのが 2013 年以降，ゲーム産業で広がりつつある**戦術位置検索**（tactical point search，**TPS**）という技術である。

　この TPS は，戦闘や仲間との協調，会話などにおいて，ナビゲーションメッシュの分解能より細かい単位の位置どりを決定する場合に用いられる。もともとこれは，アクションゲームの戦闘時の最適な位置どりを行うために，CRYENGINE（CRYTEK）上で 2013 年から用いられたアルゴリズムであり，そのときに初めて戦術位置検索と呼ばれた。現在では，広くキャラクターの位置どりを決定する際に用いられている。この手法は，基本的にゲーム進行中にリアルタイムにキャラクターの向かう位置を決定するのに用いられるが，そのアルゴリズムは，つぎに述べる三つの段階〔1〕〜〔3〕から構成される。

　〔1〕　**生成フェーズ**　　まず探索したい領域にポイントを動的に分布させる（**図11.3**）。分布の形は普通グリッド状をとるが，同心円状でも，あるいはどんな形でも構わない。しかし，後の処理を考えると，整然とした形にしておく

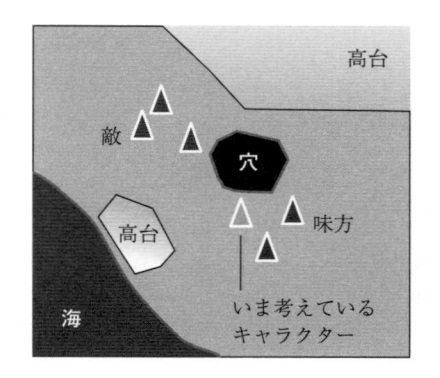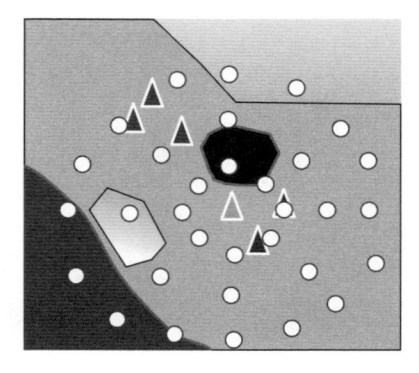

図11.3　戦術位置解析の生成フェーズ

と高速化できるので都合がよい。今回は弓兵キャラクターのつぎの位置どりを考えることにしよう。図の場合は，この弓兵キャラクターから同心円状に点列を生成する。

〔**2**〕　**フィルタリングフェーズ**　　〔1〕で生成した点から指定する条件でフィルタリングし，不要な点を除いていく。このときの条件の指定の仕方は，どの対象とどのような関係なのか，によって記述される。例えば，**図11.4**，**図11.5** の場合は

1)　足場の悪い点を削除（図11.4左図）
2)　敵中心から5m以内，10m以上を削除（図11.4右図）
3)　味方中心から5m以内を削除（図11.5左図）

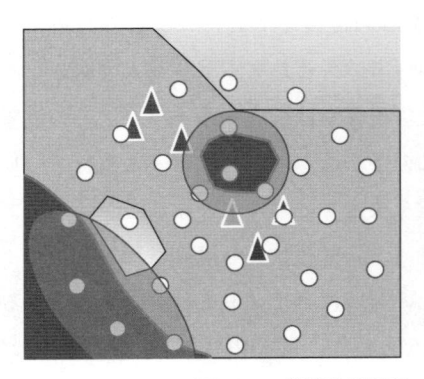 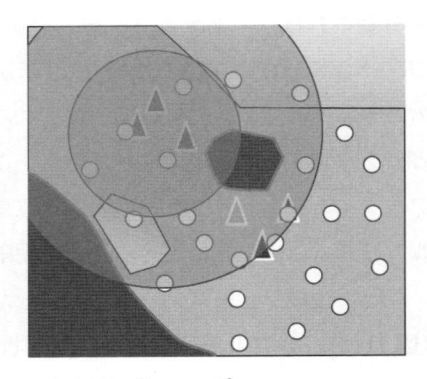

図11.4　戦術位置解析のフィルタリングフェーズ

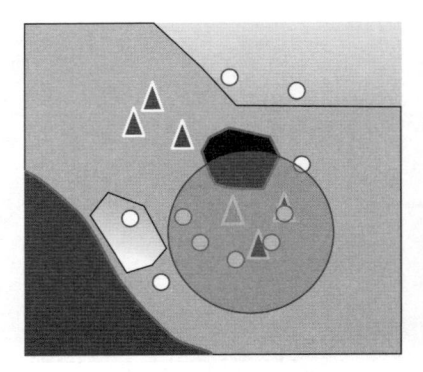 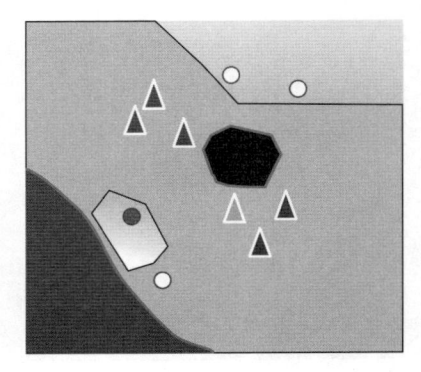

図11.5　戦術位置解析のフィルタリングフェーズと評価フェーズ

などである。このように，フィルタを一つ一つ条件によって重ねていくことで，生成した点群から候補を絞り込んでいく。

〔3〕 **評価フェーズ**   残った候補点から（図11.5右図），一つの代表点を選択するために，スコアをつける。この評価関数は，つくり方に制限はないが，位置情報とは関係ない情報などを使うこともできる。例えば，日当りのよさ，高さ，見晴しのよさ，などである。そして最も高いスコアのポイントを選ぶ。今回の場合は，各ポイントに対して「敵からの遠さ×高さ」を評価関数とし，最終的に一つのポイント（岩の上のポイント）を決定する。

このような三つのプロセス「生成」，「フィルタ」，「評価」によって，行くべき目的地を自分自身で動的に決定するのが，戦術位置検索の技術である。この技術によって，キャラクターは「自分で目的地を状況に応じて決める」ことができるようになる。そして，その目的地に対してパス検索で「いかに行くか」を決定する。

まとめると，戦術位置検索技術とパス検索技術によって，キャラクターは「自分で目的地を決めて，目的地までの経路を決定する」ことができるようになった。環境への認識を深め，環境の中で自律的に運動する知的能力を実現している。

11.5 影 響 マ ッ プ

影響マップは戦局を判断するために用いる。いま，マップを碁盤の目のように区切るとする。敵のいる場所を熱源，味方のいる場所を冷却源として周囲に熱を伝搬していくモデルを考える。これを**ヒートマップ**とか，**影響マップ**（influence map，**インフルエンスマップ**）という。キャラクターのいる場所から熱が減衰しながら拡散していくモデルである（**図11.6**）。

まず熱源から周囲のマスに熱が伝搬し，つぎにさらにその向こうのマスに伝搬する。熱源が移動すると熱の伝搬も変化する。熱源が移動しても熱が残るので，熱源の経路と進行方向には熱が残りやすい。また反対の冷却源も同様に経

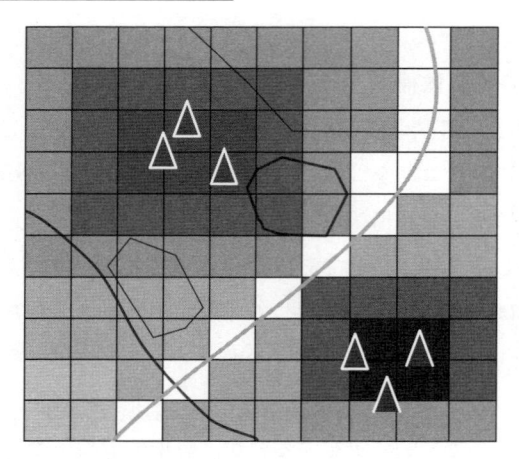

図 11.6 影響マップ（中央のラインは勢力が均衡する
フロントライン（前線））

路と進行方向を冷却する。ある時点の熱の分布をとると，敵・味方の勢力図が
浮かび上がる。可視化する場合は熱の高い場所を赤く，低い場所を青くする
と，天気予報の温度マップのように明確に可視化できてよい。このような熱の
値をパス検索に載せることで，敵勢力を避けるようなパス検索や，逆に敵勢力
をなるべく通過するパス検索を施すことができる。

　熱源と冷却源の中間地点は温度が相殺してゼロになる。逆にいえば，温度が
ゼロになっている地点をつなげば，フロントライン（前線，勢力が均衡するラ
イン）を自動的に検出することができる。

11.6 社 会 的 空 間

　社会的空間（ソーシャルスペース）は，心理学から来ている言葉で，人間同
士がつくる空間のことである（**図 11.7**）。例えば，2 人が話すときには対称な
位置に距離を開けて話す。これは人にとって背中が最も無防備であるから，た
がいの背中を監視することで，無意識のうちに安全度を上げようとしているか
らだと考えられる。壁があれば，壁を背にして話す。3 人であれば，真ん中に

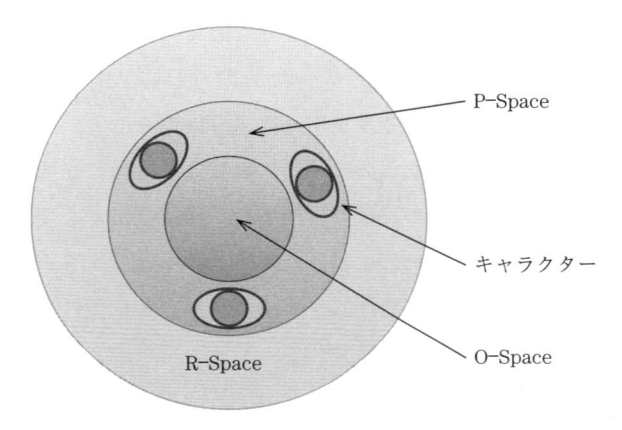

図 11.7　3 人のキャラクターがつくる社会的空間
（上から見ている）

円形のスペースを開けて話す。人が集まったときに，人と人の間にできる空間のことを社会的空間という。

　3 人の場合についてさらに話を進めよう。前述のとおり，3 人はなにもない空間であれば真ん中に円をつくるように等間隔に並ぶが，これは，2 人のときに説明したように人間にとって背中から攻撃されることが弱点なので，こうしてたがいがたがいの背中を監視するような形になるのである。真ん中のスペースを **O-Space**，この外と 3 人を囲う円の間のスペースを **P-Space**，さらにその外とそれを囲う円の間のスペースを **R-Space** という。この円の中を誰かが横切ったときには，それを見ることができるキャラクターが視線で追う。また他のキャラクターもソーシャルスペースの中に入らないようにパス検索をする。

このようにキャラクターが空間に存在することで，そこには主観的な空間情報，社会的な情報が生まれる。そういった人間らしい，生物らしい空間をシミュレーションすることで，キャラクターはより人間らしく，生物らしく空間をつくることができるようになるのである。重要なことは，まずは客観的なナビゲーションデータとその上の正確な地形解析，環境認識が必要であるということである。そこからそれぞれの生物，それぞれのキャラクターに応じた主観的な情報を上乗せしていくことで，各キャラクターごとに個性ある空間の使い方を実現することができるのである。

12 章 学習・進化アルゴリズムの応用

　デジタルゲームでは，ゲームデザインと学習アルゴリズムの相性がよいところに限り，学習アルゴリズムが使われる。ゲームデザインはゲームのダイナミクスを決めることであるが，そのダイナミクスと，学習が自律的にもつダイナミクスを調和させることが必要となる。ゲームと学習のダイナミクスをつなぐために，ここでもエージェントアーキテクチャが重要な役割を果たす。キャラクターの基本となるのは，「意思決定」（方針），「行動」，「結果」である。どのような方針に沿って「意思決定」を行い，どのような「行動」をアウトプットするかを確認し，その「結果」を集めつづけることが学習の基礎となる（**図 12.1**）。人間と同じように，「行動」に対する「結果」を観察し，その結果を引き起こした「意思決定」を変化させることで，キャラクターは成長するからである。

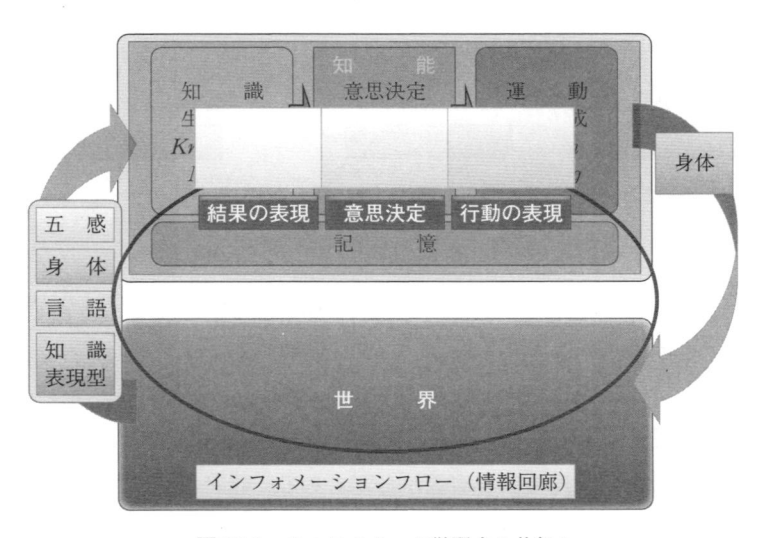

図 12.1 キャラクターが学習する仕組み

12.1　統計による学習

　まず最も単純な**統計による学習**を考えてみよう。例えば，いま，格闘ゲーム
を考える。初めにプレーヤに対して右から攻撃するか，真正面から攻撃する
か，左から攻撃するか，プレーヤは防御するのでどれが効果的かわからない。
そこでまずは，1回ずつすべての攻撃を試してみる。これを数回試して平均す
ると，それぞれのダメージがわかるようになる。左からが5，正面が12，右か
らが37のように平均値が出たとすると，この場合，右，正面，左が，だいた
い1：2：7となる。この比で攻撃の方向を決め，また数回攻撃したところでダ
メージの平均値を出す（**図 12.2**）。

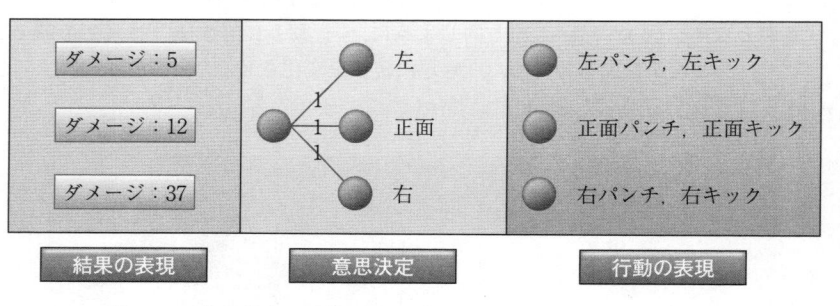

図 12.2　意思決定，行動，結果（敵に与えたダメージ）のセット

　このようにして，アダプティブ（適応的）にプレーヤに合わせた攻撃ができ
るようになるわけである。これは単なる統計による学習だが，やはりキャラク
ターの基本となるのは「意思決定」，「行動」，「結果」がセットになったデータ
である。

　これをより精密に行うには，マルチバンディッド問題として捉える必要があ
るが，それにはある程度の試行回数が必要である。数回のイベントしか起こら
ない中の適応では，上記のような簡易的な統計の方法をゲームでは用いること
が多くある。

12.2 ニューラルネットワーク

ニューラルネットワークは選別アルゴリズムでもある。学習により，入力されたものをいかに分類するかを学ぶ。そこでこれを応用したのが「Supreme Commander 2」（Gas Powered Games，2010）である[15),16)]。このゲームでは，キャラクターにパーセプトロン型ニューラルネットワークを埋め込む（**図12.3**）。入力は周囲の敵の情報であり，出力は「どの敵を攻撃するか」という判定である。例えば，10 体の敵に囲まれたとき，「どの敵を攻撃するか」という問題はルールでロジカルに書くには少し複雑すぎる。そこでニューラルネットの入力に 10 体分の敵の体力，スピードなどを入れ，出力として「最も弱い敵を倒す」，「最も近い敵を倒す」を決定するようにする。

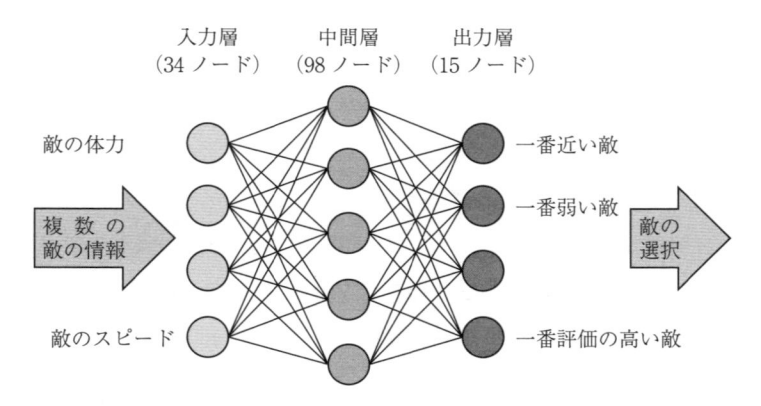

図 12.3 敵ターゲットを選択するためのニューラルネットワーク

そのために学習する必要があるが，この学習はゲーム開発中に行う。ゲーム中では一斉学習を行わず，出力に沿って行動して撃破がうまくいった事象を報酬として，バックプロパゲーション法（逆誤差伝播法）によって 1 時間学習させる。

12.3　遺伝的アルゴリズム

　長い目で見ると，進化の中で，知能は環境への調和・適応を目指したり，振り落とされたりしていく。環境の一部となりながらも，個体としての存在を強くする。つまり身体が環境の中でつくられるように，知能の形も環境と相対的につくられる。キャラクターの人工知能をつくるとは，結局，環境とどのように調和するかというところにある。

　遺伝的アルゴリズムは集団の進化をもたらすアルゴリズムである。いま，複数のキャラクターがいて，遺伝子の集合である染色体をもっているとする。ここでいう遺伝子は数値パラメータであり，染色体はパラメータのリストである。ゲームではそれぞれのキャラクターに行わせたい行動があるので，実際にそれぞれのキャラクターに行動させてスコアをつける。

　例えば強いキャラクターをつくりたい場合，ランダムに生成されたパラメータの遺伝子をつくった 100 体を箱庭の中で戦闘させ，撃破数や生存時間などからスコアをつける。そして，1 位から 100 位まで並べ，上位 10 体からつぎの新しい世代の 100 体をつくる。このときに親となる 2 体を選択し，染色体を交叉させる。染色体に切れ目を入れ，たがいにつなぎ合わせるのである（**図 12.4**）。このようにして新しい 2 体の染色体ができる。上位のランクにいるほど親となる確率が高いように選択する戦略を，**ルーレット選択**という。

　「アストロノーカ」（muumuu, 1997）は遺伝的アルゴリズムを用いて敵キャラクターを進化させるゲームである（**図 12.5**）[17)~19)]。各キャラクターはその性能を定めるパラメータ列をもっており，これを**染色体**と呼ぶ。染色体は，体力，耐久性，…などの遺伝子からなる。プレーヤはゲームの中で野菜を育てるが，バブーと呼ばれる敵キャラクターが野菜を食べに来てしまう。そこでプレーヤは野菜までに広がるフィールドに罠（わな）を仕掛けて撃退しようとする。その罠をかいくぐるためには，強力な遺伝子が必要である。そこで，プレーヤが罠を仕掛けるたびにバブーに挑戦させてスコアをつけていき，ゴールに近いほど

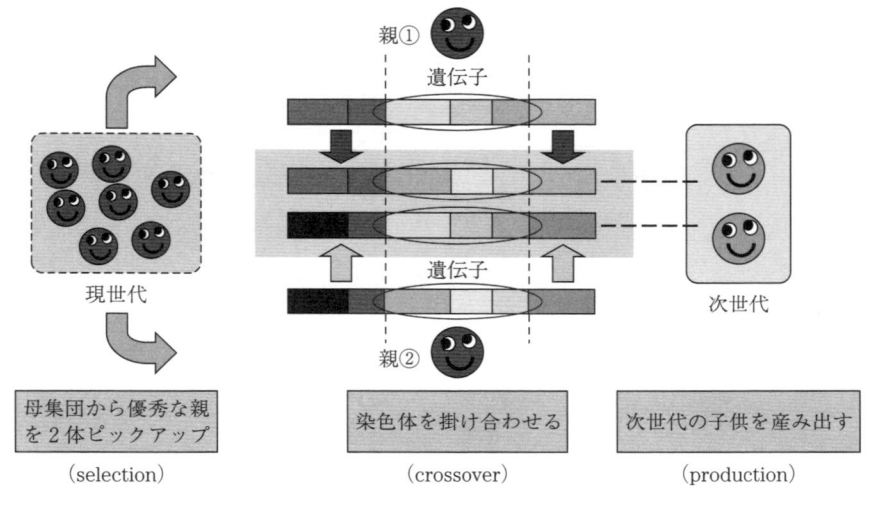

親①
遺伝子

遺伝子

親②

次世代

現世代

母集団から優秀な親を2体ピックアップ	染色体を掛け合わせる	次世代の子供を産み出す
（selection）	（crossover）	（production）

図 12.4　遺伝的アルゴリズムの仕組み

スコアを高くする方法をとる。もちろん1体だけでは遺伝的アルゴリズムが働かないので，画面に見えない裏側で20体分，五世代のシミュレーションを走らせる。それでも進化のスピードが足りない場合は何世代かのシミュレーションを重ねていく。これによってパブーはプレーヤが肌で感じられるほど進化する。

　また，遺伝的アルゴリズムとニューラルネットワークを組み合わせた**ニューロエボルーション**と呼ばれる方法もある。通常のニューラルネットワークはトポロジー（ノードの結ばれ方）が変化しない。しかし，結び方を遺伝子としてニューラルネットワークを表現することができる。遺伝的アルゴリズムを働かすことで，ニューラルネットワークが構造ごと進化していくわけである。この手法はカーネギーメロン大学のケネス・スタンレーによって開発され，**N.E.A.T.**（neuroevolution of augmenting topologies）と呼ばれている[20]~[22]。また，このシステムによってゲーム内のキャラクターを進化させる，「NERO」というゲームを作成し公開した。このゲームは，ニューロエボルーションを知能としてもつ兵士を用意する。入力は環境情報で出力は身体のコントロールで

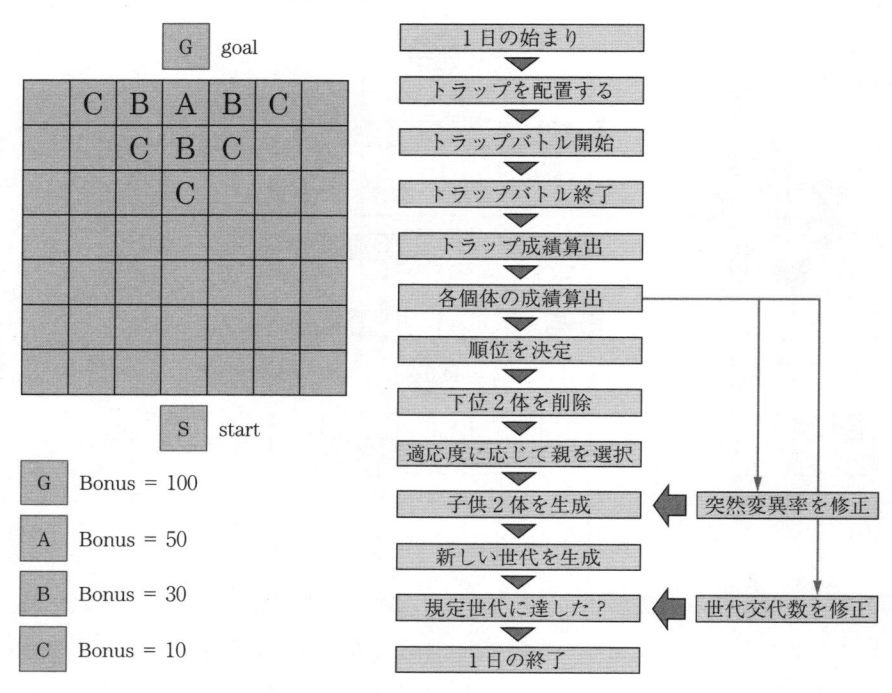

図12.5 アストロノーカの遺伝的アルゴリズムのフローチャート（右）とスコア（左）[17]~[19]

ある。そして，箱庭に数十体を入れて戦わせ，撃退数が多くかつ長く生き延びた兵士ほど優秀な兵士としてスコアリングする。そして，エリート戦略をとってつぎの世代をつくる。このようにして，優秀な兵士を生み出していく[20]~[22]。

12.4　ゲーム進化アルゴリズム

　進化アルゴリズムはキャラクターだけに適用されるわけではなく，ゲーム全体にも適用される。つまり，ゲーム全体の性質がパラメータ列で表される場合，そのゲームのスコアをなんらかの方法で決めるわけである。例えば，横スクロールアクションゲームのステージを自動生成するとする。それぞれのステージのスコアは，実際に AI キャラクターにクリアさせたときの時間やプ

レー内容によって評価する。それによってステージに順位をつけて遺伝的アルゴリズムを働かせると，次第によいステージができ上がっていく（**図12.6**）[23]。

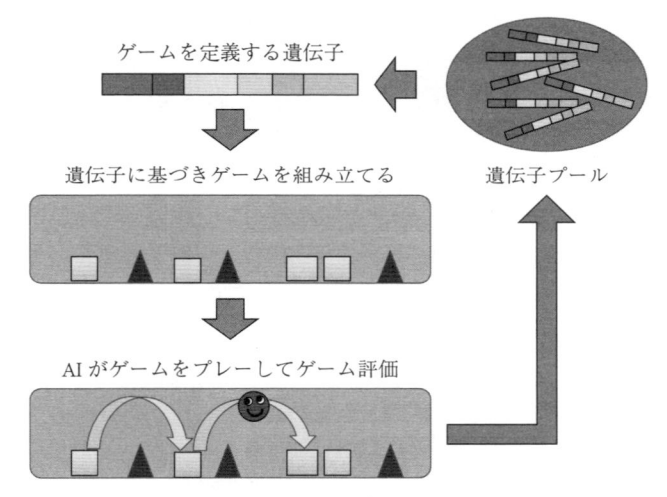

ゲームを定義する遺伝子

遺伝子プール

遺伝子に基づきゲームを組み立てる

AI がゲームをプレーしてゲーム評価

図 12.6 遺伝的アルゴリズムによるゲーム進化

また，ボードゲームの形状やルールを遺伝子として遺伝的アルゴリズムを動かすこともある。この場合も，ゲームをある程度 AI プレーヤ同士に対戦させることで評価し，これによって新しいボードゲームを生成していく。

12.5 強 化 学 習

強化学習は経験から学ぶアルゴリズムである。強化学習は，目標となる指標を決めておき（例えば，敵の体力を削る，ゴールにたどり着く，など），その目標を達成したときに報酬を与えることで，目標を達成するように学習していく。中でも **Q 学習**は，ある状態に対して行動を行った報酬から，その行動を決定した意思決定のパラメータを更新していくという方法をとる。強化学習はデジタルゲームに適したアルゴリズムであるが，実用例は少ない。Microsoft Research が，格闘ゲーム「Tao Feng」（Studio Gigante, 2003）の上で，Q 学

習をもつ AI キャラクターと人間のプレーヤの対戦から学習させる研究を行い，実際に強化される結果を導いた[24),25)]。この例では，敵と自分の位置，速度関係の状態に対してアクション（パンチ，キックなど）を選択し，敵キャラクターの HP の減り具合を報酬として学習していった。

12.6　プレーヤのデータから学ぶ

　デジタルゲームでは，プレーヤのプレーデータから AI を生成できないか，というアイデアが古くからある。例えば「Forzamotor Sports」（Microsoft Corporation, Turn 10 Studios）シリーズでは，「Drivatar」というプレーヤのデータから生成される AI ドライバがある。これは，いろいろなレースコースの理想的なコースラインからのずれを統計データとしてためて，それを特徴づけたドライバである[26)]。

　また意思決定の項でも説明したが，「Killer Instinct」（ミッドウェイゲームズ）とでは，プレーヤの過去のプレーデータから対戦 AI プレーヤを組み立てる，「ケースベーストラーニング」が導入されている。ケースベーストラーニングとは，意思決定を行う場合に，過去に近い事例の意思決定と経験を想起して参考にし，意思決定を行うアルゴリズムである。プレーヤのプレーログをとっておき，さまざまな状態（プレーヤと敵との関係）でどのようなアクションをとったかを抽出する。キャラクターが意思決定を行う場合には，このような抽出データから最も近い状態を見つけ出し，そこで行っていた行動を参照することで意思決定を行う[13)]。

　以上のように学習・進化アルゴリズムを働かすためには，ある程度限定された状況と繰り返しが多くあることが必要とされる。そこで，アクションゲームの戦闘，レースゲーム，格闘ゲームなどが導入例として現れる。また，ソーシャルゲームは，繰り返しが多いゲームデザインとなっているため，蓄積されたデータから学習を行うことによって，「ゲームをデバッグプレーするプレー

ヤ人工知能をつくり上げる」[27)~30)] ことや，「ユーザの傾向や離脱となる原因を割り当てる」ことが行われている[31)]。

〈エピローグ〉

　8.1~8.5節ではボードゲームとアクションゲームの人工知能の違いについて説明した。ボードゲーム，カードゲームは基本的に思考ゲームであり，また思考ゲームであるボードゲームを人工知能は選択的に選んで研究してきた。そこでボードゲームは思考の深さと正確さが重要であるが，デジタルゲームではゲーム全体の流れと，ゲームプレーの感触の多様性を実現することが重要である。8.6節ではデジタルゲームの人工知能全体の構造を解説し，9章ではキャラクターAIの知能構造を説明した。10.1節ではデジタルゲームの人工知能の基礎となる知識表現を解説し，10.2節では，キャラクターAIの中心とも呼ぶべき意思決定アルゴリズムを解説した。11章ではデジタルゲームにおける空間の扱い方について説明し，12章では，発展的なトピックとして，学習と進化とゲームデザインの関わり方を簡単に説明した。

　デジタルゲームにとって最も重要なのは，ユーザの体験である。人工知能として深い思考よりは，ユーザの主観上に深いと感じられる味わい深い知能を現すことが，エンタテーメントAIでは最も大切なことである。もちろんそのためには，ある程度，深い人工知能をつくっておくことが重要であり，またそれをいかにユーザに見せるか，ということも重要になってくる。今回は見せ方までは言及せず，デジタルゲームのAIの動かし方を中心に解説してきた。

　デジタルゲームの歴史はたかだが40年であり，その人工知能の発展はまだ20年にすぎない。研究すべき課題は山積みだが，その課題を見渡すには，一度ゲーム開発の内側から眺めるのが一番近道だろう。新しいゲームデザインはつねに新しい

AI の課題をもたらしている。ゲームデザインそのものと人工知能が密接に絡み合っているのがデジタルゲームの特徴なのである。人工知能がゲームの一部として機能することがデジタルゲームの最大の特徴である。

　この第Ⅲ部では，デジタルゲームの人工知能の枠組みを 1 周した。これをさらに 2 周，3 周していくための参考図書，引用・参考文献を以下に挙げておいたので，今後の学習に役立ててほしい。

第Ⅲ部の参考図書

この分野を体系的に学んでいくための参考図書を挙げておく。さらに，本文中に引用先として挙げた引用・参考文献はこの後に掲載している。

以下の記事がデジタルゲームの人工知能の歴史に沿って解説されている。

1)　21 世紀に"洋ゲー"でゲーム AI が遂げた驚異の進化史，電ファミニコゲーマー（2017）；https://news.denfaminicogamer.jp/interview/gameai_miyake

デジタルゲームの人工知能を体系的に解説した論文である。特に参考文献を 100 以上挙げてあるので，研究の最初に読む文献としても最適である。

2)　三宅陽一郎：ディジタルゲームにおける人工知能技術の応用の現在（〈特集〉エンターテイメントにおける AI），人工知能学会誌，**30**，1（2015）；http://id.nii.ac.jp/1004/00001730/

人工知能学会のホームページには「私のブックマーク」というページがある。これは各分野のエキスパートが有用なリンクを紹介するものである。2017 年 7 月には「デジタルゲームにおける人工知能」が特集されている。https://www.ai-gakkai.or.jp/resource/my-book

mark/

教科書としては以下の 3 冊が有用である。

3) Buckland, M.：実例で学ぶゲーム AI プログラミング，オライリージャパン（2007）

4) 三宅陽一郎：人工知能の作り方 ―「おもしろい」ゲーム AI はいかにして動くのか，技術評論社（2016）

5) 森川幸人：マッチ箱の脳，新紀元社（2000）

また実際のタイトルにおける応用事例としては

6) 三宅陽一郎：大規模ゲームにおける人工知能 ―ファイナルファンタジー XV の実例をもとに―，人工知能学会誌，**32**，2（2017）；http://id.nii.ac.jp/1004/00008567/

7) 長谷洋平：汎用ゲーム AI エンジン構築の試みとゲームタイトルでの事例，人工知能学会誌，**32**，2（2017）；http://id.nii.ac.jp/1004/00008566/

日本のゲーム産業のカンファレンス「CEDEC」は毎年
夏に開催されており，その資料は

8) CEDiL：http://cedil.cesa.or.jp/
で無料公開されている（メイル登録が必要）。なお，西
暦年等，日付の記載のない URL は，編集当時のもので
ある。

以下に本書の理解の助けとなる講演資料を挙げておく。

9) 白神陽嗣，三宅陽一郎，並木幸介，横山貴規：FINAL FANTASY XV ―EPISODE DUSCAE― におけるキャラクター AI の意思決定システム，CEDEC（2015）；http://cedil.cesa.or.jp/cedil_sessions/view/1437

10) 上段達弘，下川和也，高橋光佑，並木幸介：FINAL FANTASY XV におけるレベルメタ AI 制御システム，CEDEC（2016）；http://cedil.cesa.or.jp/cedil_sessions/view/1544

11) 佐藤勝彦：Shadowverse のゲームデザインにおける AI の活用事例，及び，モバイル TCG のための高速柔軟な思考エンジンについて，CEDEC（2016）；http://cedil.cesa.or.jp/cedil_sessions/view/1586

12) 長谷洋平：LOST REAVERS における AI Director の試み，CEDEC（2015）；

http://cedil.cesa.or.jp/cedil_sessions/view/1475

13)　長谷洋平：複数タイトルで使われた柔軟性の高い AI エンジン，CEDEC
（2015）；http://cedil.cesa.or.jp/cedil_sessions/view/1287

人工知能学会誌 Vol.32, No.2（2017）では特集「ゲーム
産業における人工知能」が組まれており，五つの解説
論文を人工知能学会「AI 書庫」から読むことができ
る。

14)　AI 書庫（人工知能学会）；https://jsai.ixsq.nii.ac.jp

第Ⅲ部の引用・参考文献

―本文中で参照している引用・参考文献（文中では文献番号を肩付きで記載）―

1)　The MIT Media Laboratory's Synthetic Characters：http://characters.media.
mit.edu/（2004）
2004 年までのバーチャル空間でのキャラクターのアー
キテクチャについての研究成果が，こちらに残されて
いる。キャラクターの知能構造の源流について知りた
い読者は，ここから学ぶことができる。

エージェントアーキテクチャ，C4 アーキテクチャ，黒
板モデルについては，「HALO2」，「HALO3」のリード
AI であった Damian Isla 氏の論文や解説記事を読むと
よくわかる。

2)　Damian Isla 氏 の 論 文 集：http://naimadgames.com/publications.html（2017
年 7 月現在）

Behavior Tree については

3)　Isla, D.：GDC 2005 Proceeding: Handling Complexity in the Halo 2 AI；http://
www.gamasutra.com/view/feature/130663/gdc_2005_proceeding_handling_.
php
をまず読むとよいだろう。

黒板モデル（ブラックボードアーキテクチャ）文献と
しては

4) Isla, D. and Blumberg, B.（M.I.T. Synthetic Characters Group）：Blackboard
Architectures（2002）
キャラクターのアーキテクチャとしての黒板モデルの
源流はこちらの解説記事となる。

5) Abercrombie, J.：Bringing BioShock Infinite's Elizabeth to Life: An AI Develop-
ment Postmortem；https://www.youtube.com/watch?v=wusK-mciCVc，GDC
（2014）
こちらからスマートオブジェクト（環境に情報を付与す
る例）を見ることができる。実際のゲーム動画もある。

F.E.A.R. における人工知能：F.E.A.R.（Monolith Pro-
duction，2004）は記憶表現，エージェントアーキテク
チャ，ゴール指向プランニングなど多彩な技術が集約
されている。その情報は，AI 設計者である Jeff Orikin
氏のサイトに集約されている。

6) Orkin, J.：http://alumni.media.mit.edu/~jorkin/（2017 年 7 月現在）
特に

7) Orkin, J.：Three States and a Plan: The AI of F.E.A.R. Proceedings of the Game
Developer's Conference，GDC（2006）
がわかりやすく F.E.A.R. のゲーム AI の設計が書かれて
いる。

階層型タスクプランニングは，ゲーム産業では「Kill-
zone 2」（Guerrilla Games，2009）で用いられた。

HTN に関しては CGF-AI（https://www.cgf-ai.com/）
という，このゲームの開発者のサイトに詳しく説明さ
れている。実際のゲームへの解説は，以下の開発会社
のサイトで解説書が公開されている。

8) Straatman, R., Verweij, T. and Champandard, A.：Killzone 2 Multiplayer Bots；
https://www.guerrilla-games.com/read/killzone-2-multiplayer-bots

系統的な解説は AIGameDev のサイトにある。

9) Champandard, A.J.：On the AI Strategy for KILLZONE 2's Multiplayer Bots
(2010)；http://aigamedev.com/open/coverage/killzone2/

10) Straatman, R., Verweij, T., Champandard, A., Morcus, R. and Kleve, H.：Hierar-
chical AI for Multiplayer Bots in Killzone 3；http://www.gameaipro.com/
GameAIPro/GameAIPro_Chapter29_Hierarchical_AI_for_Multiplayer_Bots_in_
Killzone_3.pdf（2017 年 7 月現在。Game AI Pro は 2 年経つと記事がオンライ
ン公開される）

モンテカルロ木探索はシンプルなアルゴリズムという
こともあって，ストラテジーゲームなどに用いられる
ようになっている。例えば，Fable Legends（Lionhead
Studios，未発売）への応用については

11) Mountain, G.：Tactical Planning and Real-time MCTS in Fable Legends，nucl.
ai Conference（2015）；https://archives.nucl.ai/recording/tactical-planning-
and-real-time-mcts-in-fable-legends/
「TOTAL WAR: ROME II」（Creative Assembly，2013）
については

12) Champandard, A.J.：Monte-Carlo Tree Search in TOTAL WAR: ROME II's Cam-
paign AI，AIGameDev（2014）；http://aigamedev.com/open/coverage/mcts-
rome-ii/

13) Hayles, B.：Case-based Reasoning for Player Behavior Cloning in Killer In-
stinct，nucl.ai Conference（2015）；https://archives.nucl.ai/recording/case-
based-reasoning-for-player-behavior-cloning-in-killer-instinct/

14) ［SQEXOC 2012］FFXIV で使われている AI 技術〜敵 NPC はどうやって経路
を探索しているのか？，4gamers（2012）；http://www.4gamer.net/games/03
2/G003263/20121205079/

15) Robbins, M.：Using Neural Networks to Control Agent Threat Response，
GAME AI PRO；http://www.gameaipro.com/GameAIPro/GameAIPro_Chap-
ter30_Using_Neural_Networks_to_Control_Agent_Threat_Response.pdf

16) Robbins, M.：Neural Networks in Supreme Commander 2，GDC（2012）；
http://www.gdcvault.com/play/1015667/Off-the-Beaten-Path-Non

遺伝的アルゴリズムのゲームへの応用については，森

川幸人氏がこの分野の世界的パイオニアである。

株式会社ムームー　論文・講演資料；http://www.
muumuu.com/product.html#thesis に，たくさんの文献
がある。

17)　森川幸人：マッチ箱の脳，新紀元社；http://www.1101.com/morikawa/in-
dex_AI.html
は，ニューラルネットワーク入門書の名著として読み
つづけられている。電子書籍として読むことができる。
また，約20年を経て書かれた以下の二つの解説論文
は，デジタルゲームにおける人工知能の歴史を見事に
描いている。

18)　森川幸人：テレビゲームへの人工知能技術の利用，**14**，2（1999）；http://
id.nii.ac.jp/1004/00004617/

19)　森川幸人：ビデオゲームとAIは相性が良いのか？；http://id.nii.ac.
jp/1004/00008563/

Neuro Evolution については

20)　Buckland, M.：AI Techniques for Game Programming，Course Technology Ptr；
Pap/Com（2002）
またソースコードも付いて，デジタルゲームにおける
学習・遺伝的アルゴリズムのよい解説となっている。
また同著者の書いた以下の解説論文は，遺伝的アルゴ
リズムについてよくまとまっている。

21)　Buckland, M.：Building Better Genetic Algorithms，AI Game Programming
Wisdom 2（2003）

NERO Neuro Evolving Robotic Operatives（http://www.
cs.utexas.edu/users/nn/nero/video.php）の基本技術
は，以下のサイトに情報が集約されている。

22)　Stanley, K.：The NeuroEvolution of Augmenting Topologies（NEAT）Users
Page；https://www.cs.ucf.edu/~kstanley/neat.html

ゲーム進化については以下にこの分野のまとめがある。

23)　Nelson, M.J.：Bibliography: Encoding and generating videogame mechanics；

http://www.kmjn.org/notes/generating_mechanics_bibliography.html

格闘ゲームについての強化学習については，以下のサ
イトの「ダウンロード」から資料を得ることができる。

24)　Microsoft Research：Video Games and Artificial Intelligence；https://www.mi-crosoft.com/en-us/research/project/video-games-and-artificial-intelligence/
また，以下のサイトに詳細がある。

25)　Graepel, T., Herbrich, R. and Gold, J.：Learning to Fight，in Proceedings of the international conference on computer games: artificial intelligence，design and education，pp. 193-200（2004）；http://herbrich.me/wp/publications/

26)　Schlimmer, J.：Drivatar and Machine Learning Racing Skills in the Forza Se-ries，nucl.ai Conference（2015）；https://archives.nucl.ai/recording/drivatar-and-machine-learning-racing-skills-in-the-forza-series/

AI によるゲームバランス調整，自動 QA については
27)　松本吉高，友部博教：FINAL FANTASY Record Keeper におけるユーザ体験の
定量化に基づくゲームバランス設計事例，CEDEC（2015）；http://cedil.cesa.
or.jp/cedil_sessions/view/1353

28)　友部博教，半田豊和：AI によるゲームアプリ運用の課題解決へのアプロー
チ，CEDEC（2016）；https://cedil.cesa.or.jp/cedil_sessions/view/1511

29)　Masahiko, R. and Sekiya, E.：強化学習を利用した自律型 GameAI の取り組み
〜高速自動プレイによるステージ設計支援，DeNA TechCon（2017）；
https://www.slideshare.net/dena_tech/gameai-denatechcon

30)　眞鍋和子：遺伝的アルゴリズムによる人工知能を用いたゲームバランス調
整，CEDEC（2017）；https://cedil.cesa.or.jp/cedil_sessions/view/1655

データマイニングについては
31)　データマイニングによって変わった「大熱狂!! プロ野球カード」の Key Per-formance Indicator の事例研究，CEDEC（2012）；https://cedil.cesa.or.jp/ced
il_sessions/view/890

索　　引

—— 編著者・著者略歴 ——

伊藤　毅志（いとう　たけし）
1988 年　北海道大学文学部行動科学科卒業
1994 年　名古屋大学大学院博士後期課程修了
　　　　（情報工学専攻）
　　　　工学博士（名古屋大学）
1994 年　電気通信大学助手
2007 年　電気通信大学助教
　　　　現在に至る

三宅　陽一郎（みやけ　よういちろう）
1999 年　京都大学総合人間学部基礎科学科
　　　　卒業
2001 年　大阪大学大学院修士課程修了
　　　　（物理学専攻）
2004 年　東京大学大学院博士課程単位取得満
　　　　期退学（電気工学専攻）
2004 年　株式会社フロム・ソフトウェア
2011 年　株式会社スクウェア・エニックス
　　　　現在に至る

保木　邦仁（ほき　くにひと）
1998 年　東北大学理学部化学系卒業
2003 年　東北大学大学院博士後期課程修了
　　　　（化学専攻）
　　　　博士（理学）（東北大学）
2003 年　トロント大学博士研究員
2006 年　東北大学研究支援者
2007 年　東北大学助教
2010 年　電気通信大学特任助教
2015 年　電気通信大学准教授
　　　　現在に至る

ゲーム情報学概論 —ゲームを切り拓く人工知能—

Introduction to Game Informatics —Artificial Intelligence that Explores Game

© Takeshi Ito, Kunihito Hoki, Yoichiro Miyake 2018

2018 年 5 月 18 日　初版第 1 刷発行　　　　　　　　　　★
2018 年 8 月 20 日　初版第 2 刷発行

検印省略

編 著 者　　伊　　藤　　毅　　志
著　　者　　保　　木　　邦　　仁
　　　　　　三　　宅　　陽 一 郎
発 行 者　　株式会社　コ ロ ナ 社
　　　　　　代 表 者　　牛 来 真 也
印 刷 所　　萩 原 印 刷 株 式 会 社
製 本 所　　有 限 会 社　愛 千 製 本 所

112-0011　東京都文京区千石 4-46-10
発 行 所　株式会社　コ ロ ナ 社
CORONA PUBLISHING CO., LTD.
Tokyo Japan
振替 00140-8-14844・電話(03)3941-3131(代)
ホームページ　http://www.coronasha.co.jp

ISBN 978-4-339-02885-0　C3055　Printed in Japan　　　　　（金）

自然言語処理シリーズ

（各巻A5判）

■監 修　奥村　学

定価は本体価格+税です。
定価は変更されることがありますのでご了承下さい。

‖‖‖‖‖‖‖‖‖‖‖‖‖‖‖‖‖‖‖‖‖‖‖‖‖‖‖　図書目録進呈◆

情報ネットワーク科学シリーズ

(各巻A5判)

コロナ社創立90周年記念出版 〔創立1927年〕

■電子情報通信学会 監修
■編集委員長 村田正幸
■編 集 委 員 会田雅樹・成瀬 誠・長谷川幹雄

本シリーズは，従来の情報ネットワーク分野における学術基盤では取り扱うことが困難な諸問題，すなわち，大量で多様な端末の収容，ネットワークの大規模化・多様化・複雑化・モバイル化・仮想化，省エネルギーに代表される環境調和性能を含めた物理世界とネットワーク世界の調和，安全性・信頼性の確保などの問題を克服し，今後の情報ネットワークのますますの発展を支えるための学術基盤としての「情報ネットワーク科学」の体系化を目指すものである．

シリーズ構成

定価は本体価格+税です。
定価は変更されることがありますのでご了承下さい。

図書目録進呈◆

メディア学大系

（各巻A5判）

■第一期 監　　修　相川清明・飯田　仁
■第一期 編集委員　稲葉竹俊・榎本美香・太田高志・大山昌彦・近藤邦雄
　　　　　　　　　榊　俊吾・進藤美希・寺澤卓也・三上浩司（五十音順）

■第二期 監　　修　相川清明・近藤邦雄
■第二期 編集委員　柿本正憲・菊池　司・佐々木和郎（五十音順）

定価は本体価格＋税です。
定価は変更されることがありますのでご了承下さい。

図書目録進呈◆

コンピュータ数学シリーズ

（各巻A5判，欠番は品切です）

■編集委員　斎藤信男・有澤　誠・筧　捷彦

以下続刊

定価は本体価格+税です。
定価は変更されることがありますのでご了承下さい。

図書目録進呈◆

マルチエージェントシリーズ

（各巻A5判）

配本順		書名	著者	頁	本体
A-1		マルチエージェント入門	寺野隆雄他著		
A-2	（2回）	マルチエージェントのための データ解析	和泉　潔 斎藤正也 山田健太 共著	192	2500円
A-3		マルチエージェントのための 人工知能	栗原　聡 川村秀憲 松井藤五郎 共著		
A-4		マルチエージェントのための 最適化・ゲーム理論	平山勝敏 松原繁夫 松井俊浩 共著		
A-5		マルチエージェントのための モデリングとプログラミング	倉橋・高橋 中島・服部 共著		
A-6		マルチエージェントのための 行動科学：実験経済学からのアプローチ	西野成昭 花木伸行 共著		
B-1		マルチエージェントによる 社会制度設計	伊藤孝行著		
B-2	（1回）	マルチエージェントによる 自律ソフトウェア設計・開発	大須賀・田原 中川・川村 共著	224	3000円
B-3		マルチエージェントシミュレーションによる 人流・交通設計	野田五十樹 山下倫央 藤井秀樹 共著		
B-4		マルチエージェントによる 協調行動と群知能	秋山英三 佐藤浩 栗原聡 共著		
B-5		マルチエージェントによる 組織シミュレーション	寺野隆雄著		
B-6		マルチエージェントによる 金融市場のシミュレーション	高安(美)・高安(秀) 山田・和泉 水田 共著		

定価は本体価格+税です。
定価は変更されることがありますのでご了承下さい。

図書目録進呈◆